前漁農處處長
李熙瑜 著

商務印書館

尋蟲記 3——各出奇謀

作　　者：李熙瑜

責任編輯：張宇程

封面設計：趙穎珊

出　　版：商務印書館（香港）有限公司

香港筲箕灣耀興道 3 號東滙廣場 8 樓

http://www.commercialpress.com.hk

發　　行：香港聯合書刊物流有限公司

香港新界大埔汀麗路 36 號中華商務印刷大厦 3 字樓

印　　刷：美雅印刷製本有限公司

九龍觀塘榮業街 6 號海濱工業大廈 4 樓 A 室

版　　次：2018 年 7 月第 1 版第 1 次印刷

ISBN 978 962 07 6608 4

Printed in Hong Kong

作者簡介

李熙瑜，香港著名生物學家，前漁農處處長。一生與生物結下不解緣，大學時修讀生物，畢業後於香港中文大學任生物系助教，後來加入市政事務署轄下防治蟲鼠組，天天與蛇蟲鼠蟻為伍，卻不亦樂乎。

一輩子尋蟲、看蟲、研究蟲，現雖已退休多年，但對生物仍熱情不減，並將其興趣延續至新一代，與兩名孫兒齊齊以「尋蟲」為樂。

李博士亦曾任郊野公園管理局局長，現時為嘉道理農場暨植物園董事，著作有《香港農作昆蟲名錄》、《尋蟲記——大城市小生物的探索之旅》及《尋蟲記 2——蟲中取樂》。《尋蟲記》入選香港電台第五屆「香港書獎」提名書目；《尋蟲記 2》入選香港電台第九屆「香港書獎」提名書目，並榮獲第一屆「香港出版雙年獎（兒童及青少年組別）」。

序 領略昆蟲的奇謀妙計

《尋蟲記 2——蟲中取樂》2015 年初出版，新書分享會當天高朋滿座，熱鬧非常（圖一）。書本面世當天已獲「亞洲農業研究發展基金」、「獅子會自然教育基金」及一些熱心的獅子會會友認購相當數量以推動自然教育，對他們的支持和鼓勵，不勝銘感。

自《尋蟲記 2——蟲中取樂》出版後，我曾出席不少活動和講座，涵蓋幼稚園、小學及中學學生，亦包括教師、自然科學在職專業人士和親子家庭的聽眾，與市民的接觸可説是全面性，喜見他們反應正面。其中以小學生和幼兒的興趣啟發最為明顯。小學生是可塑造的材料，在聽講時很快便提升興趣和參與度，這可由他們踴躍舉手作答，和當我揮動雙手示範若螳打太極氣功時，學生同步揮手的反應得知（圖二）。而令我印象最深刻的，就是與幼稚園同學的一次互動經歷。

2016 年春天，我家實驗室內忽然不停出現幼小螳螂，我於是捕捉牠們來飼養和觀察，原來這些幼螳都是從去年雌螳在飼養箱蓋產的

圖一　《尋蟲記 2》出版時，分享會熱鬧情況。

圖二　在介紹《尋蟲記》的講座中，蔡繼有小學的同學們非常投入，熱烈參與。

卵鞘孵化出來的，到年中時已長大為約 20 隻中型若螳。我把部分若螳送給一位相熟而又熱衷於自然教育的幼稚園校監，並出席幼兒學童接觸活生生小昆蟲的活動，希望啟發他們對小生物的興趣。開始時，先讓孩子隔開飼養瓶用眼睛接觸（圖三），然後我把若螳放在手背上示範（圖四）。觀察所得，小孩子們由相當害怕到開始放鬆，然後願意參與接觸小若螳（圖五），再發展至互相爭奪要接觸螳螂及餵飼牠們，過程只需約 20 分鐘。這活動發生了一個趣味小插曲：我提出擺放兩冊《尋蟲記》於書桌上，管理層起初不以為然，認為幼兒一定不會對書本有興趣，不過仍照辦如儀。當孩子們產生興趣後，竟搶着要借書回家看（圖六）。學校管理層之後告訴我，學生們需「排長龍」登記借書回家看，好不熱鬧！

圖三

幼兒接觸昆蟲前需熱熱身，讓他們先看看，並稍作介紹。

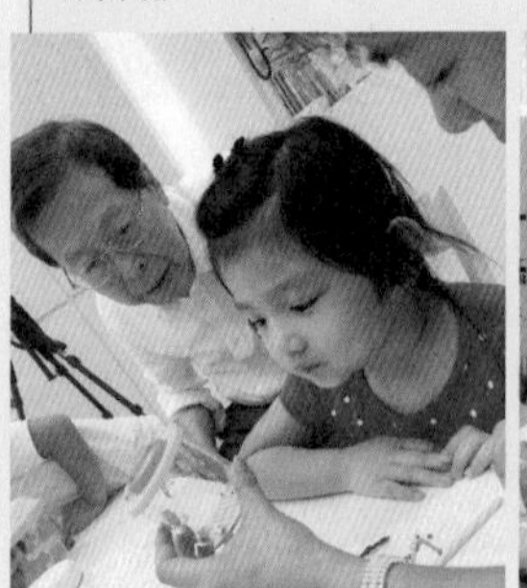

圖四

再把若螳放在手掌上，讓牠自由舒展。

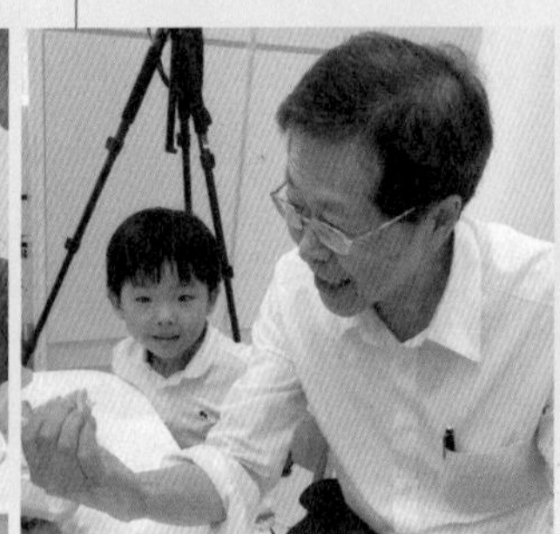

圖五

去除了恐懼的幼童開始接觸若螳，享受箇中樂趣。

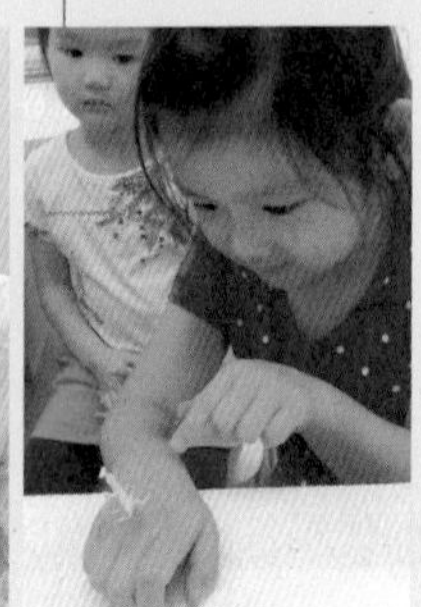

在這短短的互動過程中，令我體會到城市人，無論小孩或大人（包括老師們），大都對昆蟲存有疑慮和害怕，但一經開始接觸，很快便藩籬盡去。這種正面的反應帶給我不少鼓舞，令我得到一個結論：就是越早給孩子認識和接觸小生物，越能啟發他們對大自然的興趣，因而對學習其他科目的興趣會相應增加！

圖六

孩子對昆蟲產生興趣後，搶着要借《尋蟲記》卷一和卷二回家看的情景，好讓父母知悉他們當天接觸昆蟲的驕傲經歷，並讓父母照着書本多講些昆蟲故事給他們聽。

寫這本書的靈感，部分來自香港的居住議題。這些年，報章和電視不時報導有關香港的板間房、劏房等住屋問題，令我聯想到昆蟲的情況又如何？細心一想，牠們似乎處理得頭頭是道。細小的昆蟲，除了能適應日曬雨淋之外，還能以各種創意的方法，解決牠們面對的住宿需求。牠們的策略，趣怪之餘，或可發人深省，且看我們人類能否借鏡，或因而誘發我們一些新思維，解決城中的嚴重居住問題？

本書取名《尋蟲記 3——各出奇謀》，內容主要是介紹以昆蟲為主的各式各樣求生方法。牠們不少求生技能，其實與人類的社會行為很相似；有時，牠們的奇謀妙計可說創意無限，甚至令我們拍案叫絕。無論如何，看過這書後，城市人應更能體會，原來細小的昆蟲，擁有這麼多的求生智慧，當中包括我們曾做過的、正在做的、構思中的，甚或從未想過的！

昆蟲因個子細小，在生物界中可算是弱小動物，但亦是生物學家們公認為非常成功的一族。牠們品種豐富、數量眾多，而且適應力強。昆蟲的生態行為可以千奇百怪，引人入勝，有時甚至充滿創意。了解這些特點，除了能啟發我們的好奇心之外，還可以增廣見聞，擴闊視野，亦能從中領悟一些人生哲理。

香港雖是彈丸之地，我們勝在仍有百分之四十的地方屬郊野公園，生物不乏多元化，就讓作者這一種如老頑童般、「有的是時間」和興趣的長者，去發掘更多趣味蟲蟲行為和故事與各位分享，希望令您們對蟲蟲產生更多認識和興趣，並能夠把這些興趣伸延至愛護大自然，令城市人更能獲得身心快樂和健康生活！

這些都是我撰寫《尋蟲記 3》的原因。值得高興的是，在撰寫此書的中後期，喜聞《尋蟲記 2——蟲中取樂》在 2017 年 7 月獲選為 2015/16 年度「香港出版雙年獎」之「兒童及青少年組別」得獎書籍（圖七），令我感到十分鼓舞，亦給我增添不少動力來完成寫作這本《尋蟲記 3》。希望這冊新書，能一如上兩冊《尋蟲記》般，得到您們的喜歡、認同和支持。

圖七

我在頒獎典禮場內，與早前找尋到罕見綠色小蟑螂「鋸爪蠊」的小孫兒分享得獎喜悅。

目 contents 錄

2.0 為生存，奇謀盡出 47

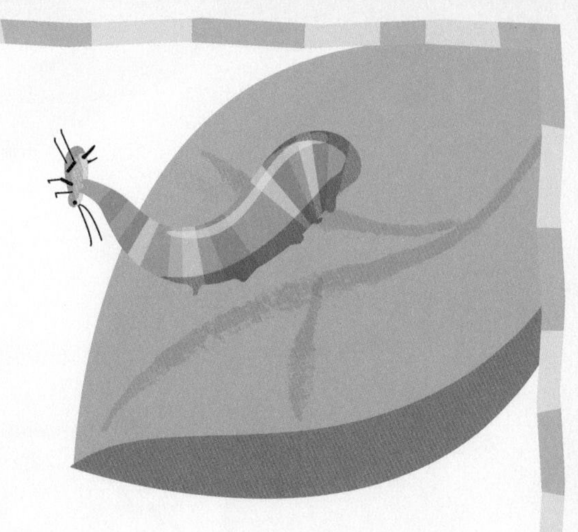

1.0 蟲蟲小故事

在 2015 年初印發的《尋蟲記 2— 蟲中取樂》一書中，我曾以「蟲蟲小故事」為題寫了一章，介紹一些常在我們住所或附近出現的小生物，並簡稱之為「蟲蟲」，其中包括小壁虎、小蚰蜒、鱉甲蝸牛、紅蜘蛛和數種趣怪的小昆蟲，目的是讓城市人認識這些「左鄰右里」，從而了解牠們的生活習慣和特色，及分享一些不大為城市人知道的趣味故事，我們所得到的反應相當正面。

在剛過去的三年，我在尋蟲的旅程中，繼續遇上不少蟲蟲的趣怪經歷。透過熱心朋友和農民的及時通風報信及協助，另一批較為不常見的「蟲蟲」陸續出現，加以自己亦盡量把握機緣，優先撥出時間來尋找、飼養、觀察和拍攝牠們。此外，我亦長期培植一些植物寄主如「馬利筋」來飼養「夾竹桃蚜」和吸引牠的天敵，以達致持續研究牠們生態的目的。於是「蟲蟲小故事」又能在這裏與讀者們再續前緣！

1.1 詭異的大斑丫枯葉蛾

2015 年 12 月，香港中文大學的一位朋友電傳了兩幅有趣的圖片給我，當時我正與朋友相聚，於是把圖片出示給他們看，讓他們猜猜那是甚麼。朋友們都説以前沒有見過這怪模樣的東西，有人認為它似一隻穿了裙的小豬（圖一），又或似一支煙斗（圖二）。朋友們小心觀察後發覺這東西有腳，開始懷疑它可能是一隻怪異的昆蟲。其實牠是一種模仿枯葉的「大斑丫枯葉蛾」的雄蛾，因為不常見，加上屬夜行性，所以城市人很少認識或留意牠們的存在。

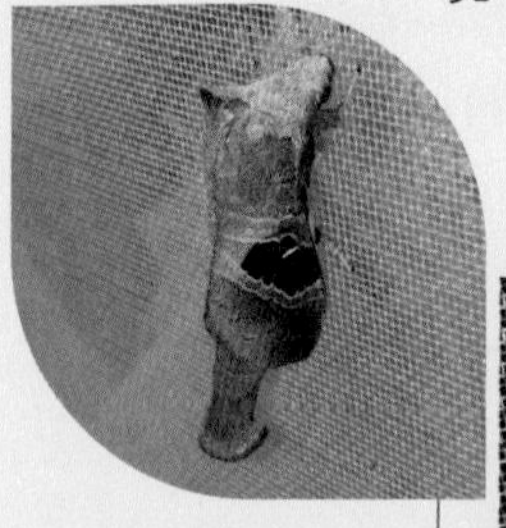

圖一

奇形怪狀的小昆蟲，看似卡通型的小豬。矇着眼睛、豎起耳朵，還穿上了一條有花款的小裙。

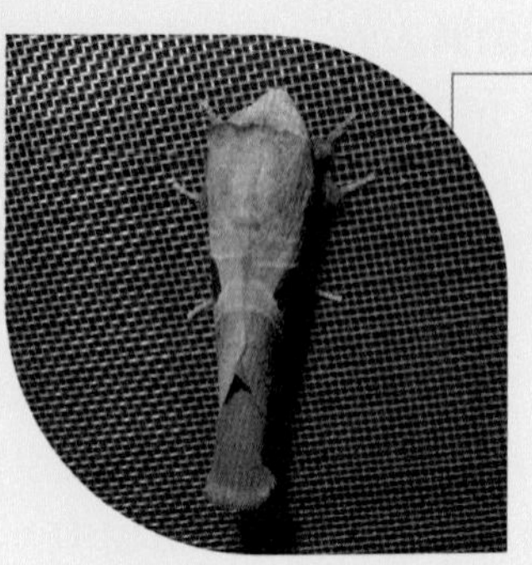

圖二

從另一角度看，牠也像一支有花紋的古董煙斗。

數個月後，另一友人在馬鞍山的園藝農場內發現了一大堆毛蟲，羣集於一株大樹腳下（圖三），問我有沒有興趣拍照。我於是立即開車趕往那裏。除了拍攝這羣約有 100 條大毛蟲的照片（圖

圖三

數目過百的毛蟲，羣集於一株大樹腳下，但透過巧妙的保護色，令人不易察覺。

圖四

毛蟲很有紀律，有秩序地緊靠在一起，形成陣勢，有阻嚇天敵作用。

四）外，還極力説服場主不要用火燒或噴藥來殺死毛蟲，以便觀察牠們的習性。我又拿取了數條毛蟲及一些樹皮和樹葉回家研究和觀察（圖五）。

圖五

我把數條毛蟲及一些樹皮和樹葉拿回家研究。成長的毛蟲體長約 70 毫米。

在首兩天的觀察過程中，我感到這些毛蟲相當詭異，牠們多數時間伏在樹皮上，很少活動，毛蟲與樹皮的圖案很相似，保護色效果很成功。最初牠們對放進飼養箱的葉片似乎不感興趣，也沒有跡象顯示牠們會吃樹皮。我心中盤算，毛蟲沒有可能不進食便能生存或長大，唯一可能是牠們已達到終齡幼蟲期，不再需要進食，只等待蛻變成為蛹。我於是詢問場主有關農場情況，回答是這大羣毛蟲仍然滯留在原地，並沒有見牠們活動或咬食的痕跡。我請他們檢查地面，看看有沒有毛蟲糞便。答案是有，但奇怪的是毛蟲只逗留在樹幹下方，那裏並沒有樹葉，而樹皮仍原封不動，究竟牠們怎樣進食和生存呢？幸好，不久我發現家中的毛蟲開始進食樹葉，但只在晚上才吃，吃食樹葉速度快而且颯颯有聲，像十分享受的樣子（圖六），疑團的謎底於是漸漸解開。

圖六

幾天後，毛蟲開始進食樹葉，但只在晚上才吃，吃食樹葉速度快。圖中的毛蟲正埋頭苦幹地吃樹葉。

與此同時，場主亦作出配合，在某一天日落前用顏色噴漆在毛蟲羣的背上塗了四行綠色橫行線標記（圖七），以識別毛蟲晚上有沒有移動。第二天再看時，橫行線果然出現扭曲（圖八），三天後只見背上有綠漆的毛蟲已雜亂散開（圖九）。雖然毛蟲羣仍留在原處，但已證明毛蟲在夜間曾移動過，幾乎肯定是爬往樹上覓食樹葉，於天亮前又爬回原處，行動迅速有序，就像行軍般嚴守紀律，牠們在天亮前完成吃葉重任，無聲無息地返回原來基地。

圖七

場主用綠色漆油噴在毛蟲羣上，一條倒轉 V 字在上方，一條直線在中下方，兩條平行直線在最下方，用以觀察毛蟲的動向。

圖八

原本四條噴在毛蟲羣背上的整齊綠色漆油線，一天過後已開始變為有些雜亂無章，顯示毛蟲曾經移動過。

圖九

三天後，毛蟲羣仍留在原位，羣形大致不變，但毛蟲背上的綠色漆油點，已出現零星散佈的情況，顯示毛蟲曾經再次移動過。

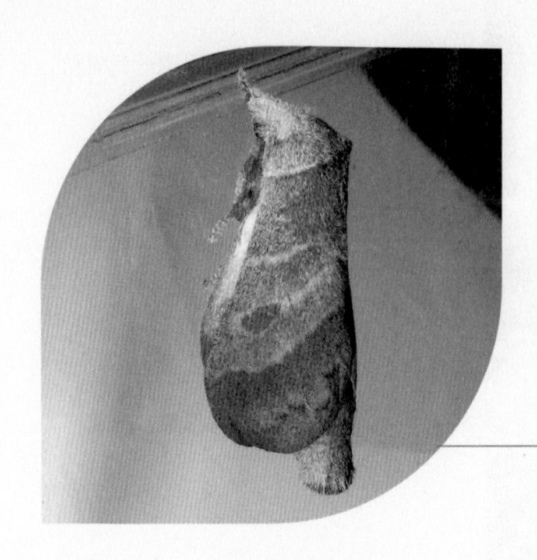

我拿回家的幼蟲終於飼養成兩隻像圖一的雄性枯葉蛾，和一隻雌性枯葉蛾（圖十），鑒定為「大斑丫枯葉蛾」（學名：*Metanastria hyrtica*）。

圖十

飼養出來的其中一隻雌性「大斑丫枯葉蛾」的怪模樣。

在雌蛾孵出來的第二個晚上，已開始有三隻同類枯葉蛾闖進我家，當時我推測是因為我住所後的山坡，剛好同時有此類毛蟲生長，枯葉蛾被我家燈光吸引而闖入，但特別的是牠們全是雄蛾。隨後的一晚，情況開始明朗，晚上八時許已有兩、三隻雄蛾飛進飼養雌蛾的實驗室內。為了防止已闖入屋中的蛾飛走，以便能逐隻檢查牠們的品種和性別，我於是把房間窗子關閉，只剩下半扇窗子稍為打開，好讓空氣流通。誰知這小小的罅縫也擋不住更多枯葉蛾強闖進來，結果一共有八隻雄性枯葉蛾飛進實驗室，伏於房內的各項家具雜物上（圖十一至十四）。

有數隻雄蛾曾飛近雌蛾的飼養箱，我索性把箱蓋打開，看看那些不速之客有何反應。結果有三隻雄蛾曾經飛近雌蛾，其中一隻更與雌蛾身體接觸，並試圖交配，停留了一段時間後才飛走（圖十五），雌蛾的費洛蒙（pheromone）吸引力之強可見一斑。在同一晚稍後時間，實驗室隔壁的主人房廁所，用來放置牙刷的盛載器內也發現一隻雄蛾（圖十六）。總括來說，當晚共有至少九隻雄蛾被雌蛾吸引而闖入我家。

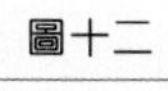

圖十一

在屋後山坡生活的雄蛾，受到我家內雌蛾發出的費洛蒙吸引，搶入我家。歇息在冷氣機出口。

圖十二

闖入我家的另一隻雄蛾，伏在牆壁上，翅膀半豎起，樣子有點像弄蝶。

圖十三

另一隻受枱燈吸引的蛾。

圖十四

一隻雄蛾伏在離雌蛾所在附近的牀被上。

圖十五

闖入我家的其中一隻雄蛾，找到雌蛾（圖左方）後試圖短暫交配。

圖十六

戶外的雄蛾受雌蛾吸引，迷亂地錯闖鄰房的廁所。

我用「詭異」來形容大斑丫枯葉蛾，原因有三：其一，這類枯葉蛾成蟲，樣子很酷，可愛中帶點古怪，從不同角度觀察，雄蛾可以看似一隻熟睡中的小豬（圖一）、一支有花紋的煙斗（圖二），或是一條趣怪的小魚（圖十七）；雌蟲則看似一支有型有款的雪茄（圖十八）；其二，毛蟲羣聚集於樹幹一個位置後，似乎死心塌地留在原地，看不出有任何變動或個別毛蟲離羣覓食；其三，在不知不覺中，整個族羣會消失於無形（圖十九），連晚上的捕蟲燈也未能捕捉到牠們的成蟲。

在眾多枯葉蛾闖入我家的先後日子，我嘗試從農場取得資料，最初情況是整個毛蟲羣繼續被發現，其後便不知不覺地全部消失。我問他們可留意到有枯葉蛾的痕跡？答案是沒有。場裏設有多盞捕蟲燈，但他們説並沒有捕捉到任何枯葉蛾，這麼多數目的枯葉蛾幼蟲無聲無息地消失，真是令人費解，唯一可能的推算是，因為那裏有不少貓頭鷹（據場主提供資料），而這類雀鳥是知名的捕蟲高手。如是者，大自然另一生態平衡現象，正在我們周邊不知不覺的晚上無聲無息地進行呢！

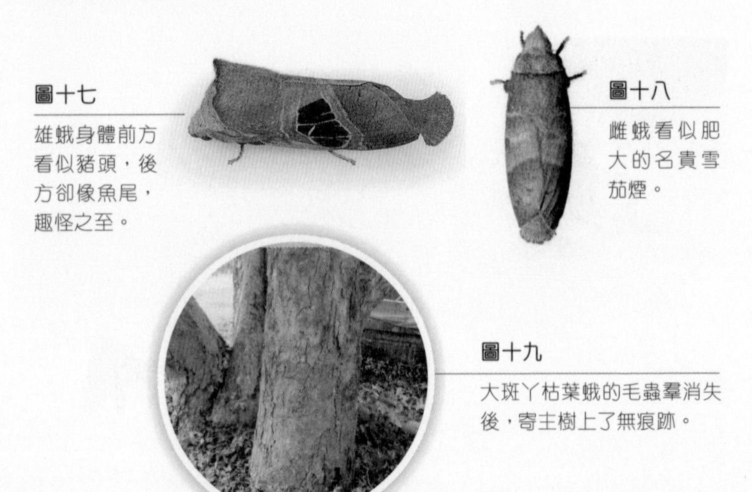

圖十七

雄蛾身體前方看似豬頭，後方卻像魚尾，趣怪之至。

圖十八

雌蛾看似肥大的名貴雪茄煙。

圖十九

大斑丫枯葉蛾的毛蟲羣消失後，寄主樹上了無痕跡。

1.2 葉片上的碧玉珠

在我們日常生活，間中會遇上一些情況，例如很想見到一些東西，卻又久候不遇，到我們不再熱熾期望時，那心願反而突然成功兑現。這種「踏破天涯無覓處，得來全不費工夫」的感受，居然有幸於 2016 年 5 月發生在我身上。

話説我在馬鞍山因為捉拿了數條大斑丫枯葉蛾幼蟲回家飼養，隨後幾天，拿回來的樹葉開始減少及凋謝，於是四處找尋心目中的寄主植物來餵飼牠們，幸好得到一位熱心鄭性農友義助，從他農場中唯一的蓮霧樹頂部摘取了一大束枝葉，供我飼養枯葉蛾的幼蟲。數天後，意外在葉片間發現我夢寐以求的小寶貝（圖一）！

這可愛的小寶貝看似在葉片上的一粒碧玉珠，從另一角度看，便發現玉珠後面附有昆蟲幼蟲的典型圓柱形腹部身體（圖二），得意奇特的外貌令牠看似是不應在地球出現的「外星蟲」。原來碧綠色的圓珠是這條幼蟲的胸部，這特別漲大的圓形胸部，前方接連小型的橙紅色頭部，通常休息時緊貼前胸下方而不易

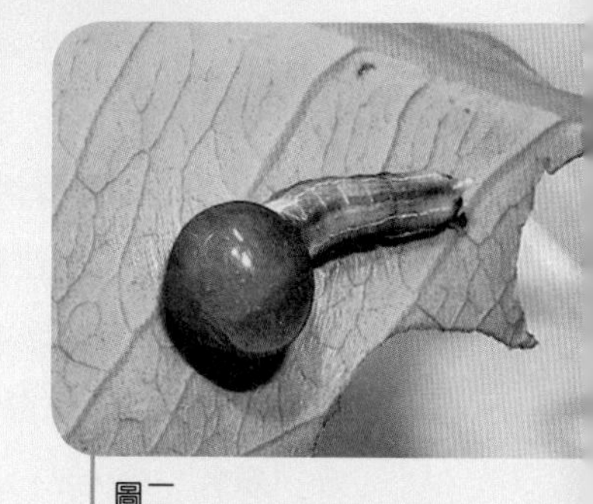

圖二

從另一角度看，碧玉圓珠還附有像昆蟲腹部般的物體，形狀怪異有趣。

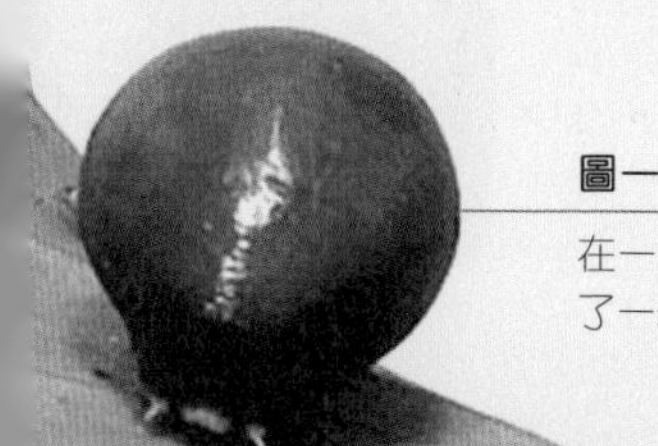

圖一

在一片蓮霧葉上，出現了一粒如碧玉的圓珠。

見到（圖三），活動時才伸展外出，配上腹側兩邊的橙褐色條紋，和尾端白色的小尾刺（圖四），令小蟲看來更別致和可愛。

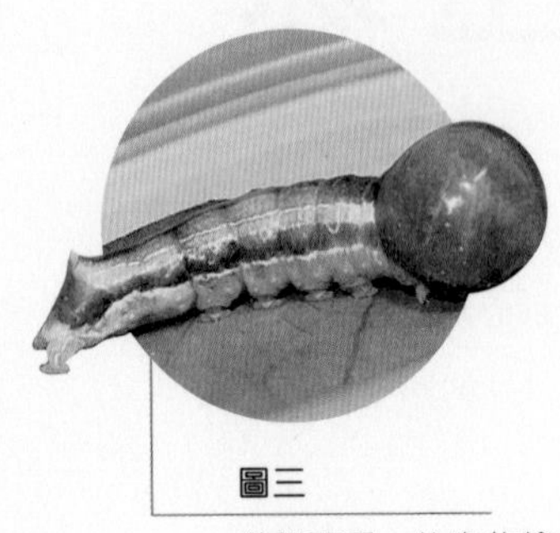

圖三

從側面看，幼蟲的輪廓明顯見到，碧玉圓珠原來是小蟲漲大了的胸部，後方是腹部，那裏還有五對假足和一條白色短尾刺。

趣怪小蟲的珍貴時刻怎能讓它輕輕浪費，於是幾經辛苦，約了兩個孫兒，把小蟲送往他們居住大廈的管理處，讓他們在「百忙中」分享樂趣。孫兒們爭着把玩小蟲，而體長約 25 毫米的小蟲也有正面回應，在孫兒們的身上活潑地爬來爬去（圖五），連在場的管理員和司機也大開眼界、樂不可支呢！

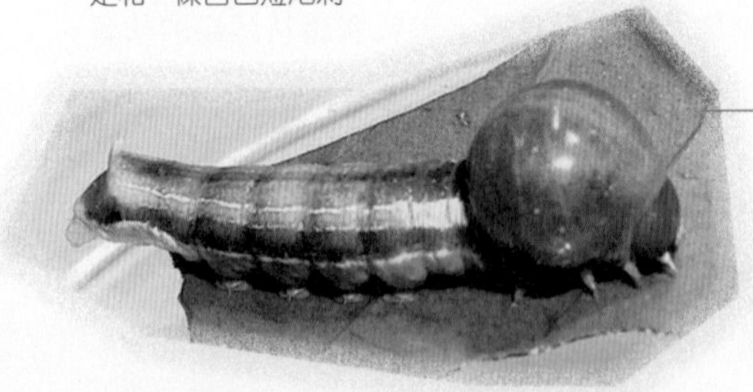

圖四

幼蟲球形胸部的前方是細小的頭部，靜止時不易被見到（參閱上圖右方）。伸展時，橙紅色的頭部便出現，幼蟲的樣貌又另有一新景象。

孫兒們給這條蟲起了個別名，叫牠做「波波蟲」，不知是否與他們喜愛足球有關。其實這條蟲名叫「蓮霧赭瘤蛾」（學名： *Carea varipes*），由於香港很少人種植蓮霧樹，而且這種樹樹型高大，葉片遠離地面，更難被都市人遇見。

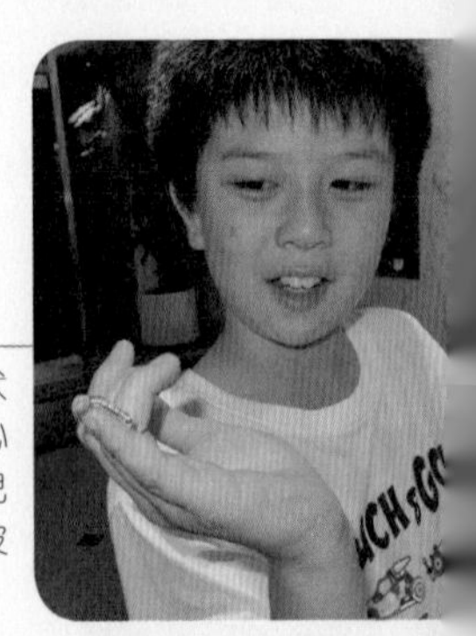

圖五

蓮霧赭瘤蛾幼蟲伏在孫兒手指上開心互動的情況。孫兒還暱稱牠為「波波蟲」。

蓮霧赭瘤蛾幼蟲吃食樹葉快速，成長後吐絲作繭（圖七），附在葉片上。約九天後蛻變為褐色成蟲（圖八），體長約 20 毫米，成蛾在香港並不常見。

飼養蓮霧赭瘤蛾幼蟲期間，兩次發現小蟲從口中突然吐出一灘口水（圖九），但瞬間又被快速吸回（圖十、十一），為時約一分半鐘。這種特別的行為，不知有甚麼作用。一個可能的解釋是，口液含有天敵不喜歡的物質或氣味，用以卻敵自保。又或這是幼蟲一種自娛的方法。無論如何，這是一個奇趣的行為，應與讀者分享，又或值得一些有興趣人士將來跟進研究。

圖六

蓮霧赭瘤蛾幼蟲吃食葉片時很活潑起勁。

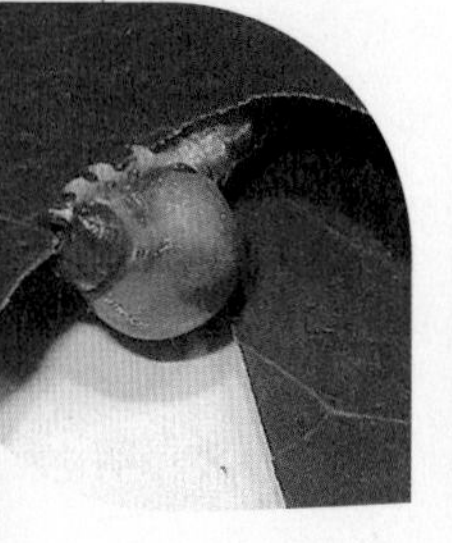

圖七

赭瘤蛾幼蟲成長後，吐絲作繭的情況。

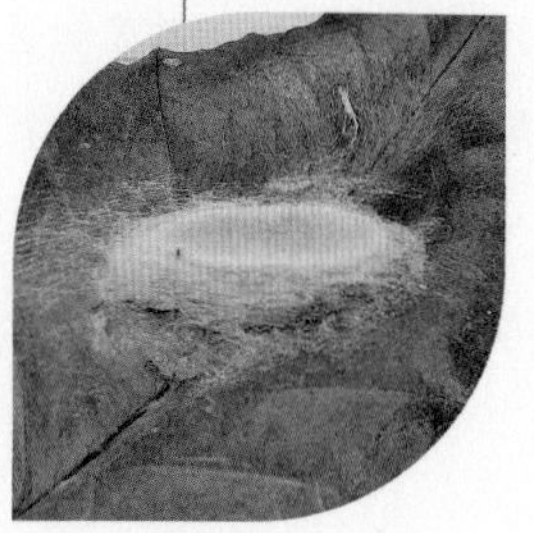

圖八

變蛹後約九天便羽化為蓮霧赭瘤蛾成蟲，覆蓋身體的黃褐色前翅，還帶有深褐色的弧形線紋。

圖九

赭瘤蛾幼蟲有時突然吐出一大灘口水。

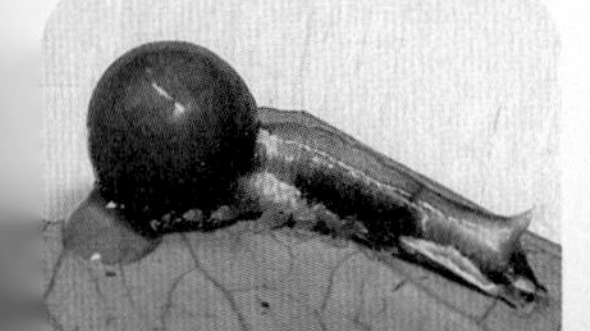

圖十

赭瘤蛾幼蟲瞬間開始吸回口水。

圖十一

赭瘤蛾幼蟲在一分半鐘內已全部吸回早前吐出的口水。

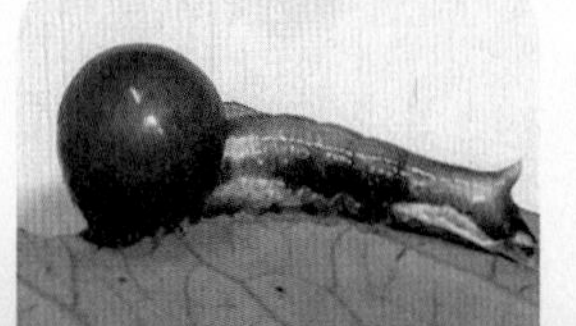

1.3 煙囪冒出白煙，教宗選出來了！

圖一
「白煙」從煙囪冒出來？

圖二
剛孵出來的癭蚊成蟲（左下方），牠身旁看似有兩個煙囪，正在冒出「白煙」。

小昆蟲的趣怪生活史和習性，每每令我們聯想到人類社會的一些事情，就如圖中（圖一）的景象，令我聯想起多年前羅馬天主教教宗去世後，由全球樞機主教聚集在梵蒂岡的西斯汀小教堂，閉門選舉新教宗。當時曾經過數次投票，如果每次的候選人沒有一個取得大多數的三分之二票數，就由煙囪放出黑煙，告訴教徒們尚未能成功選出教宗。而全部主教亦要逗留在教堂內繼續互選，直至有一位候選主教得到大多數的支持成為新教宗，那時候教堂的煙囪便會放出白煙，還會鳴鐘昭告信徒，新教宗已經選出了！

圖一的煙囪冒出白煙的景象，是因為龍眼葉癭蚊羽化時造成的（圖二）。原來雌性癭蚊在龍眼葉面上產卵，幼蟲孵化出來後會鑽食葉片引致葉子作出反應，並刺激葉細胞不正常生長，把幼蟲包在癭巢的組織內（圖一、二）。幼蟲於是養尊處優地在癭內

生活（圖三），吸食癭壁內的嫩葉組織而成長（圖四）和變成蛹（圖五）。癭巢隨着幼蟲成長而增大為葫蘆形的藝術癭屋，癭壁亦由淺綠色漸漸變為橙褐色（圖五）。

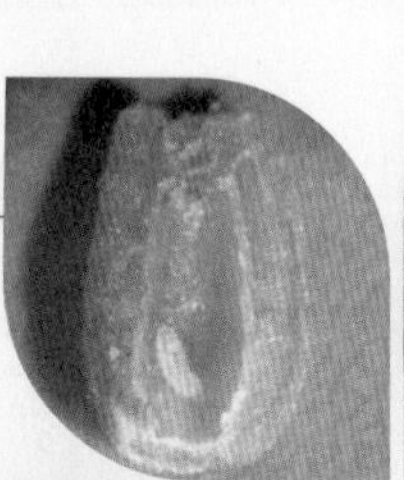

圖三

蟲癭被解剖後，顯微鏡下顯現出來的龍眼葉癭蚊幼蟲。

圖四

蟲癭內正成長中的癭蚊幼蟲。

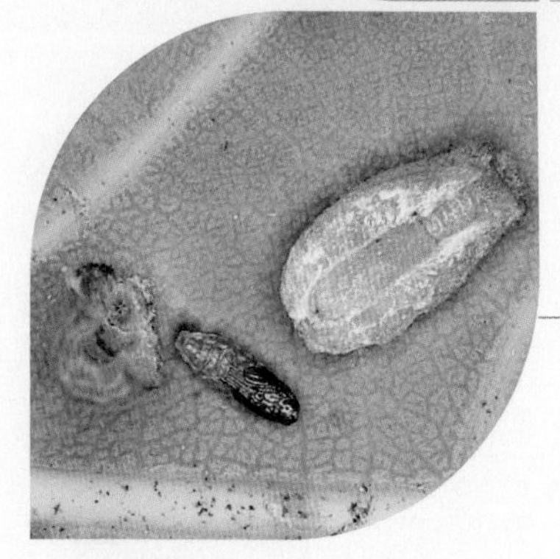

圖五

葫蘆癭巢一分為二地被剖開，龍眼癭蚊的蛹跌了出來。在顯微鏡下，黑色的是蛹前半身的頭胸部，褐色的是下半身的腹部。

成熟的蛹會在癭巢內羽化，羽化中的癭蚊會從蓋頂慢慢鑽出來（圖六），在鑽出來的早期，牠亦帶同包着身體的舊蛹皮，但癭蚊最終會破皮而出，留下半透明白色的舊皮在煙囱型的癭巢上（圖七至圖十），就像煙囱冒出白煙的趣致情景。

龍眼葉癭蚊表演破癭而出！
https://youtu.be/3ihDL4eB6WA

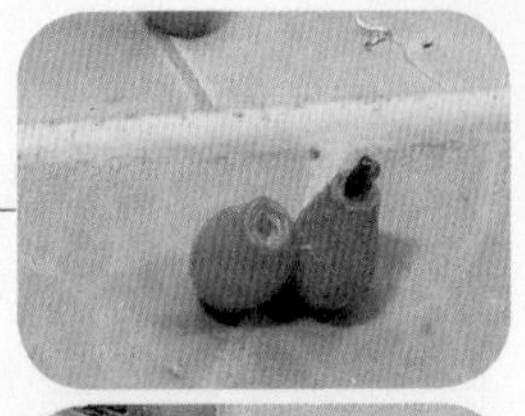

圖六

正在羽化的癭蚊成蟲，在葫蘆形的蟲癭蓋頂上伸出頭來。

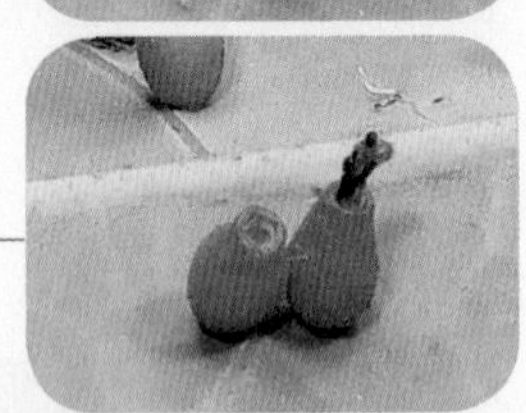

圖七

不久，羽化的癭蚊成蟲，眼睛已清晰可見。

圖八

繼續羽化的癭蚊成蟲，眼睛、觸鬚及翅膀亦可見到了。

圖九

羽化中的癭蚊成蟲，鑽出癭巢後，正在擺脫蛹衣，完成羽化。

圖十

成功羽化的癭蚊成蟲，伏在癭巢壁上，等候翅膀堅實後才飛走。蛹衣留在癭頂，看似「白煙」從煙囪冒出來。

英文名為 Longan Leaf Gall Midge 的龍眼葉癭蚊（圖十一）（學名：*Asphondylia sp.*）就這樣用聰明小計，不費吹灰之力地在龍眼葉面上為每個小寶寶建造一個屬於自己的舒適而又食用無憂的藝術居屋──葫蘆形癭巢，並為我們趣怪地演繹「煙囪冒出白煙，教宗選出來了」的歷史宗教故事！

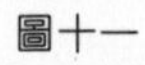

圖十一

顯微鏡下的龍眼葉癭蚊成蟲。

1.4 知慳識儉的鳳蝶幼蟲

圖一所見的趣怪「太空蟲」，其實是一條初生的玉帶鳳蝶幼蟲，牠留在自己孵化的卵殼旁，懂得伸頭入卵殼內先吃含有豐富營養的卵殼，作為牠生命中的第一餐，以充實自己為將來覓食。

話說我家露台上種植了三株柑橘類的樹：橙、桔及檸檬大約兩年。其間，香港常見的玉帶鳳蝶（學名：*Papilio polytis*）和牠的幼蟲，一於不錯過這機會，接二連三地在柑桔樹上出現，使我能仔細觀察和拍攝一些城市人較少見的鳳蝶趣怪習性照片，與讀者分享。

春天來了，引來鳳蝶雌蟲在柑桔樹環繞飛舞及產卵（圖二、三），掀起一批一批的鳳蝶幼蟲陸續登場（圖四、五）。連續性的觀察，令我發現不同階段的鳳蝶幼蟲和蛹皆有不同創意的求生和保命伎倆。

圖一

在整裝待發，看似準備戴上太空人保護頭盔的一條初生幼蟲，難道牠也想學人類上太空探索，當起「太空蟲」？

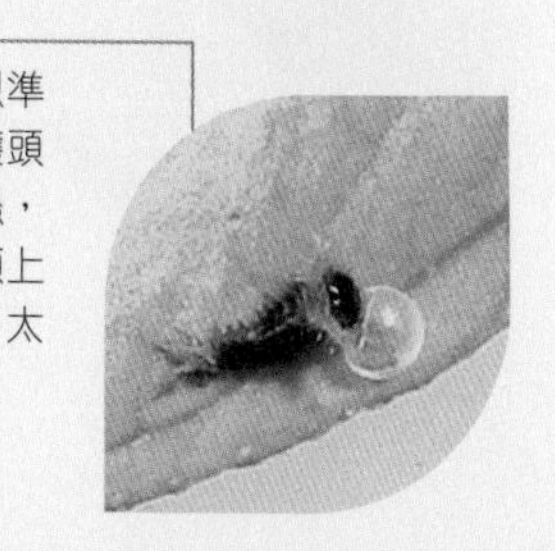

圖二

春天來臨，玉帶鳳蝶忙於繁衍下一代，雌蝶正把卵粒產於桔樹枝上。

圖三

在短時間內，數粒卵子已被產放在桔樹嫩葉上。

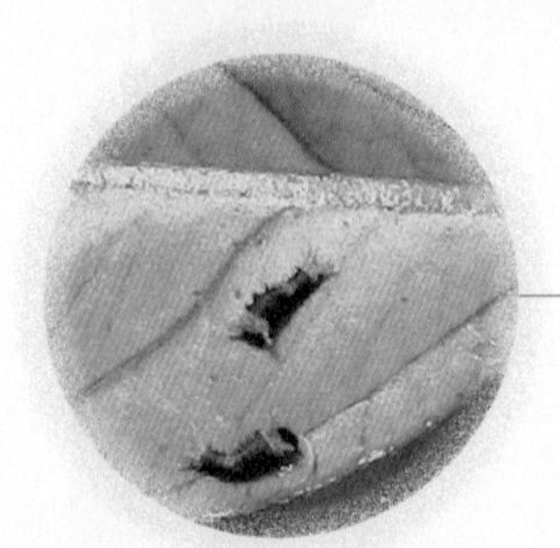

圖四

孵化不久的兩條初齡鳳蝶幼蟲。

圖五
兩條三齡鳳蝶幼蟲在桔樹葉片上。

首先，初生幼蟲會逗留在自己的卵殼旁，伸頭入卵殼內，看似戴上往太空實驗的保護頭盔，樣子非常趣怪（圖一、六）。原來幼蟲出生後懂得先吃含有豐富營養的卵殼作為生命中的第一餐，以充實自己為將來加油覓食。如不是刻意觀察，很容易錯過幼蟲吃卵殼的過程（圖六、七）。

圖六

鳳蝶母親在卵殼放進營養豐富的食材，讓寶寶出生後輕易取食。圖左方的幼蟲吃了約五分之一，圖右方的已吃了一半。

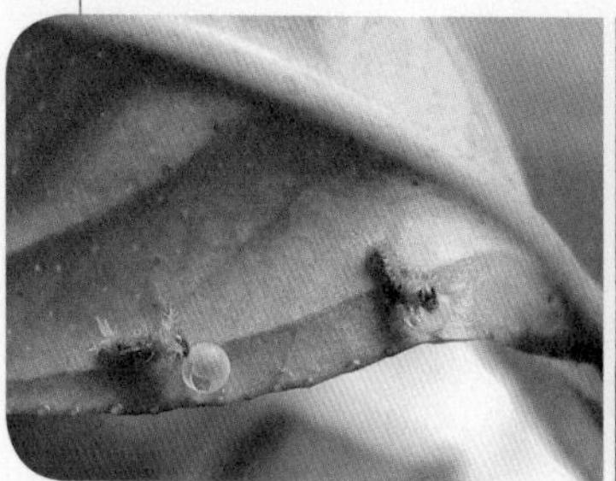

圖七

一分半鐘後，圖左的鳳蝶幼蟲吃了約一半，圖右的幼蟲已把卵殼吃光。

鳳蝶幼蟲要經過五齡生長才變蛹，每一齡幼蟲要蛻皮一次才進入另一齡階段，蛻出來的舊皮不是放棄便了事，其實箇中也有玄機。原來，舊皮不會被浪費，而是給新一齡的幼蟲知慳識儉地自己吃回，但這不包括較堅硬的舊頭殼（圖八至十）。

圖八

四齡幼蟲剛蛻變為五齡幼蟲後，要休息一會。舊皮在蟲尾的右方，蛻出的半透明褐色舊頭殼則仍緊貼着幼蟲體旁（圖左下方）。

圖九

一不留神，舊皮和舊頭殼短時間內都不見了，難道硬實的頭殼也被幼蟲啃食了？

圖十

其實，幼蟲並不吃堅硬的頭殼。原來舊頭殼是意外地被移動到葉底的下方。

鳳蝶幼蟲究竟怎樣吃回自己的舊皮呢？透過辛勤和刻意的等候，我把幼蟲吃皮的經過詳情拍了下來（圖十一至十五）。原來幼蟲要進行兩次 U 形掉頭才返回原處，似乎要刻意令旁觀者不能察覺牠舊皮的去向，原因不明，過程需時約 17 分鐘。

圖十一

幼蟲蛻皮後，休息一會便開始掉頭 U 形往後轉，朝舊皮位置爬去。

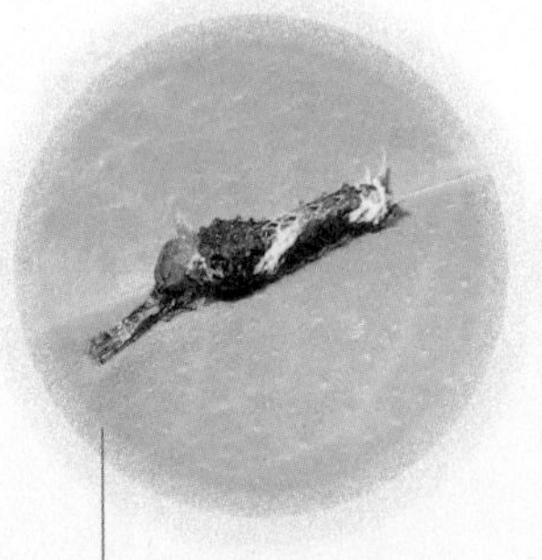

圖十二

到達舊皮所在地後，便開始吃舊皮。

圖十三

吃了一半舊皮後，幼蟲稍作休息，之後再接再厲，繼續啃食直至吃清舊皮為止。

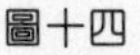

圖十四

吃完舊皮後，幼蟲開始回身 U 形後轉。

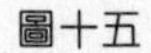

圖十五

回歸到差不多原先開始的位置後，幼蟲便停留不動。於是景象和原先開始時一樣，不過舊皮就不翼而飛了。

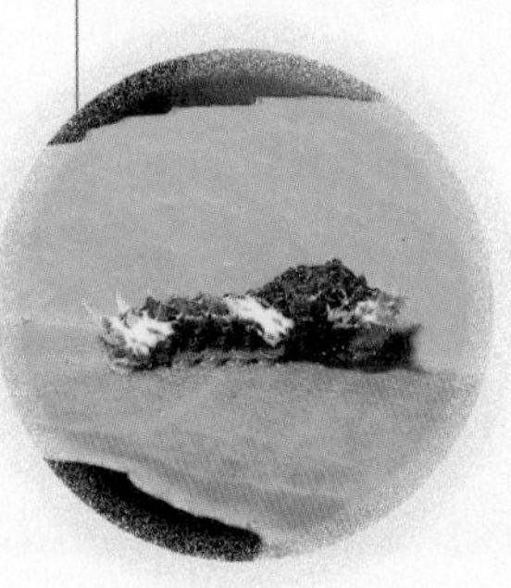

在生命史過程中，鳳蝶幼蟲除了透過保護色來混淆捕獵者視覺外，還有其他詭計。例如三、四齡幼蟲會模仿鳥糞（圖十六、十七）來瞞騙雀鳥。五齡幼蟲除利用綠色身體保護外，還於腹下長有褐色刺紋，假裝樹刺或小樹枝，又於前身部分長有眼斑紋用以嚇敵（圖十八）。

圖十六

落在葉片上的一些野外鳥糞。

圖十七

三、四齡鳳蝶幼蟲長相與鳥糞相似，可瞞騙天敵雀鳥，使牠們避之則吉。

圖十八

五齡幼蟲除利用與寄主樹一樣的綠色以保護身體外，還於腹下長有褐色刺紋，假裝樹刺或小樹枝。

鳳蝶幼蟲頭部和頸部之間，還具有隱蔽的臭角（osmeterium），受驚嚇時紅色丫形象蛇舌的臭角便會瞬間彈出（圖十九），如進犯者從後方而來，幼蟲前身還可倒後翻過去，六腳同時揮舞（圖二十），以凶惡姿態嚇退敵人。不論高齡或幼齡鳳蝶蟲的臭角，都會發放難聞臭味來驅趕敵人。高齡幼蟲因為帶有眼斑，當配合彈出的丫形臭角，模仿蛇頭的效果更加逼真（圖二十一），這種避險驅敵的組合設計，趣怪中又充滿創意。

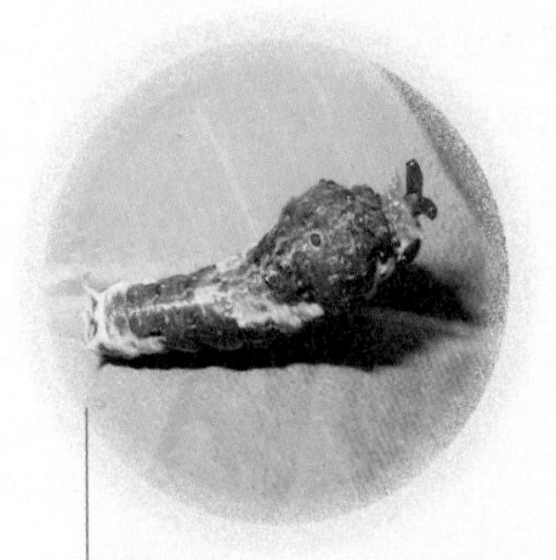

圖十九

鳳蝶幼蟲頭和頸部之間長有隱蔽的臭角，受驚嚇時紅色丫形像蛇舌的臭角便會瞬間彈出，臭角同時發出難聞味道，以驅趕來敵。

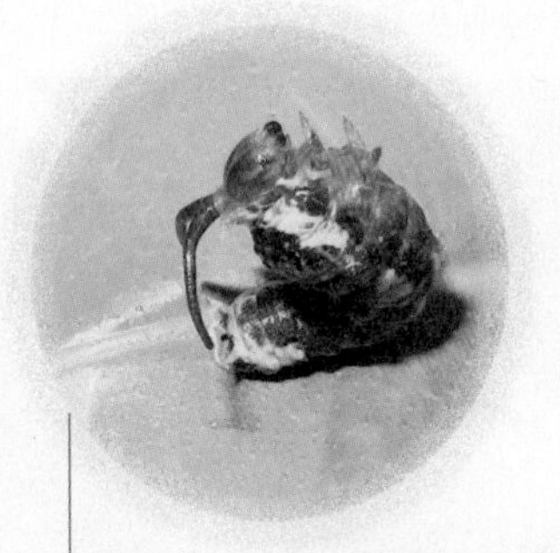

圖二十

如進犯者從後方而來，幼蟲還可用前身翻後，六腳同時揮動，擺出張牙舞爪姿勢，務求嚇走強敵。

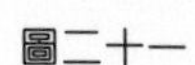

圖二十一

鳳蝶五齡幼蟲的臭角特別發達，紅色丫形長舌的臭角彈出後，配合眼斑紋，看來更似小蛇，逼真中帶點可愛的感覺。

鳳蝶的蛹也懂得保護自己。通常蛹的形狀像小葉子，色彩也與柑桔樹寄主相似，保護色運用得不錯（圖二十二），但如果高齡幼蟲所找到的結蛹地方不是通常光滑的綠葉，而是較深色和粗糙的表面，蛹的外皮也可以變化為褐色，甚或不平滑的表面（請參閱 2.0 部分的「2.15 與生境融合一起」的文章），以配合結蛹的周邊環境，適應力可真強呢！

在我觀察期間，玉帶鳳蝶的蛹曾經兩次被名為「金小蜂」的金黃色寄生蜂鑽孔而出（圖二十三），不能完成羽化為蝶。這顯示大自然生態系統中，隨時存有不同的潛在克制因子，令生態環境循某些軌道取得自然平衡。

圖二十二

鳳蝶蛹的形狀像片小葉子，色彩也與柑桔樹寄主相同，模仿得維肖維妙。

圖二十三

一些寄生蜂以鳳蝶蛹為寄主。十多隻「金小蜂」從鳳蝶蛹鑽洞出來，其中兩隻仍然在洞口附近，眷戀不去。

1.5 捨身成仁的夾竹桃蚜

在植物的嫩芽、花序或菜葉上，形如針頭般大小（約 2 毫米）的軟體昆蟲，就是蚜蟲。牠們吸食植物汁液，把剩餘但仍含有糖份的流質液體——蜜露，透過尾端排泄出體外。蚜蟲的特徵是腹部後方有一對腹管（cornicles）和肛門上方有一小尾片（cauda）（圖一）。

香港的夾竹桃蚜與蘿藦蚜

為了仔細觀察和拍攝香港漂亮的黃色蚜蟲及牠的天敵，我幾經努力，成功培植二十多盆馬利筋（Blood-flower，俗稱「連生桂子花」），以便全年觀察這些昆蟲的習性。在進行研究期間，我醒覺到有必要弄清楚在馬利筋植物上出現的蚜蟲究竟屬甚麼品種，因為這 30 年間，香港有關昆蟲的書籍都稱呼出現於馬利筋的黃色蚜蟲為「蘿藦蚜」，但一向以來，這些蚜蟲常出現於夾竹桃（屬夾竹桃科植物）和馬利筋（屬蘿藦科植物）兩種植物上。在 1960 年代，這種蚜蟲已被鑒定為「夾竹桃蚜」（Oleander Aphid）（學名：*Aphis nerii*）。不過可能由於近四十多年來，越來越多人種植馬利筋，但種植夾竹桃的人則越來越少，於是不知不覺地都稱呼出現於馬利筋的黃色蚜蟲為「蘿藦蚜」（Milkweed Aphid）（學名：*Aphis asclepiadis*）。

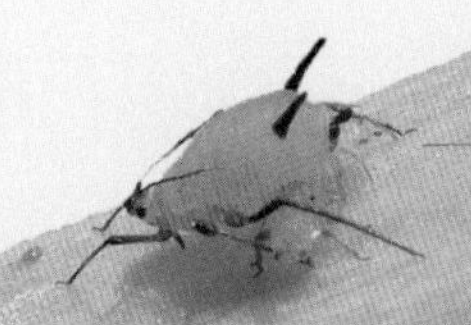

圖一
無翅型的夾竹桃蚜，腹部後方有一對黑色腹管和一片小尾片，清晰顯示蚜蟲的特徵。

我多年前在漁農處植物保護組工作時，只有夾竹桃蚜的記錄，為了找尋夾竹桃蚜與蘿藦蚜在香港的正確身分，我遂向漁護署檢驗及檢疫分署的專家劉紹基先生請教，並把我們平常以為是「蘿藦蚜」的那種標本給他鑒定。劉先生透過 DNA 技術鑒證、參考香港和國際記錄，及基於一些只在夾竹桃蚜出現的分類學特徵後，肯定地告訴我，直至現在為止香港只有夾竹桃蚜出現。這些資料對研究本地蚜蟲和有關天敵昆蟲十分有用，也簡化了我可能面對一些品種研究的複雜性，在此先向劉先生道謝。

這兩種蚜蟲的外表有明顯的差別，夾竹桃蚜有黃色身軀及黑色足部，而蘿藦蚜身軀傾向淺綠，足部非黑色。由於蘿藦蚜在我接觸過的資料中，未曾於香港出現過，故有興趣的讀者可到以下網站找到蘿藦蚜的圖片及更多資料，以辨識其真身：

https://bugguide.net/node/view/309346

從夾竹桃蚜看蚜蟲習性

由於蚜蟲有兩個不同的類型，即無翅型（圖一）和有翅型（圖二），加上牠們的繁殖方法快速和有效率（以卵胎生繁殖），且變化多端（可作孤雌或兩性生殖），所以易於適應環境。一般而言，在食物充沛、溫度及日照理想的情況下，蚜蟲只會進行孤雌繁殖，及只會產下無翅雌蟲。通常在擠迫環境或面對逆境時，蚜蟲才會誕下有翅型的蚜蟲，以便找尋新的生存環境及寄主。有翅型雌蚜與無翅蚜一樣能進行卵胎生繁殖（圖三）。牠們很能適應和善用環境，不會浪費資源。

圖二

有翅型的夾竹桃蚜。蚜蟲的特徵包括一對黑色腹管和一小尾片，仍清楚可見。

圖三

有翅型夾竹桃蚜雌蟲正在以卵胎生方法直接產子。

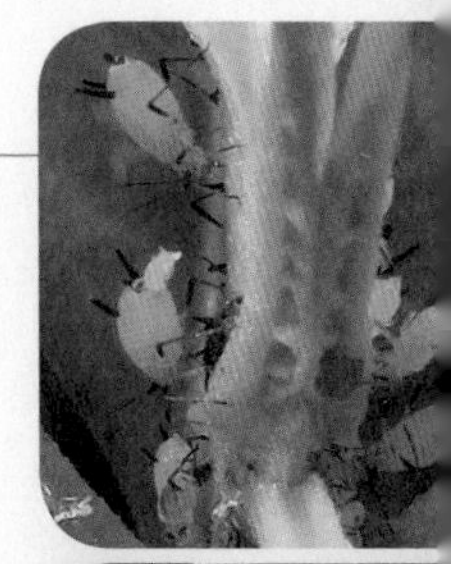

圖四

無翅型夾竹桃蚜雌蟲，正在誕生幼兒（圖左中）。幼蚜先由尾部脫離母體，兩條細小淺黃色腹管及尾片已隱約可見。

夾竹桃蚜的習性和生態

這兩、三年來，我曾專心觀察夾竹桃蚜在寄主馬利筋的生態習性，並拍攝牠們誕下小寶寶的過程（圖四至七），發現平均需時約 5 分鐘。有一次，我把拍到的夾竹桃蚜誕生的照片給當年九歲的孫兒看。當他發現幼蚜是以尾部先脫離母體時，他緊張地叫道：「不成，小蚜蟲這樣會吸不到空氣而死亡呢！」我回答說：「不會，昆蟲不像我們人類，因為牠們是透過在身體各節的氣孔呼吸的，所以不會因頭部最後出來而窒息死亡。」孫兒提出這個問題，表現他對學習的興趣和有邏輯的思考，令我心裏暗喜。

圖五

不久，幼蚜的足部開始顯現出來。

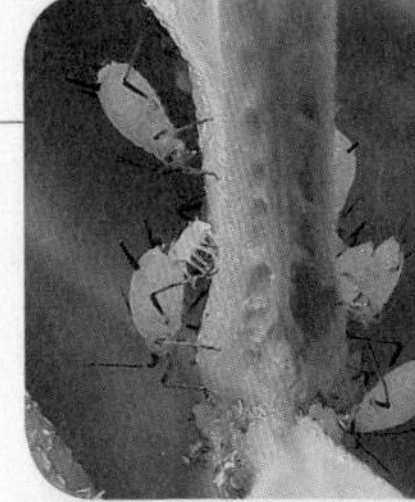

圖六

再過一會，幼蚜六條柔軟的腿和一對小眼睛亦清晰可見。

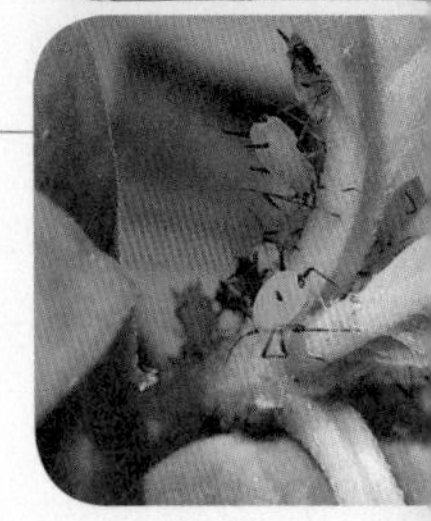

圖七

瓜熟蒂落，全身淺黃色的幼蚜脫離母體，降落在寄主的枝葉上。幼蚜休息一會後便能走動和覓食。生產過程約需 5 分鐘。

觀察所見，夾竹桃蚜也有不少求生小智慧，例如在仲夏時間，夾竹桃蚜似乎懂得採用散開及匿藏在嫩葉底的策略，來保持涼爽及減低雨水的衝擊（圖八）。在冬天寒冷和少雨期間，牠們則密集聚居於嫩枝上以保暖及多吸取陽光（圖九）。

圖八

夾竹桃蚜在夏天會互相散開及匿藏在嫩葉底，來保持涼爽及減低被雨水衝擊。

圖九

牠們在冬天多會彼此緊貼地聚居於嫩枝上，以保暖及多吸取陽光。

夾竹桃蚜與天敵

蚜蟲因身體柔軟，是獵食者上佳的獵物，可用俗語「啖啖肉」來形容其受捕獵者的歡迎程度。夾竹桃蚜有不少厲害的天敵，如草蛉（圖十）、褐蛉（圖十一）、各類瓢蟲（圖十二、十三）和食蚜蠅（圖十四）等，牠們的胃納都很大。有關這些昆蟲的趣味生活史會隨後奉上。寄生蜂如蚜繭蜂和蚜小蜂（圖十五）亦不甘後人，也選擇蚜蟲做寄主。此外，螳螂（圖十六）、蜘蛛（圖十七），和一些留鳥如紅耳鵯（圖十八）也會來分一杯羹，做蚜蟲的偶爾食客。我會於稍後的篇幅歸納一下牠們與夾竹桃蚜的生態互動（請參閱 3.0「小蟲蟲，大世界」部分）。

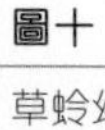

圖十

草蛉幼蟲是著名的蚜蟲天敵，有「蚜獅」的稱號。喜歡背負雜物和獵物屍體作掩蔽用途（如圖左方，草蛉幼蟲正背着一隻大蚜蟲屍體）。

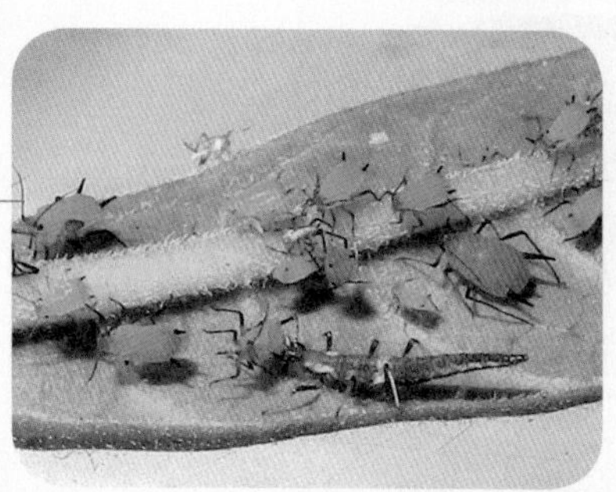

圖十一

褐蛉幼蟲也喜歡獵食蚜蟲。

圖十二

瓢蟲成蟲和幼蟲都喜歡吃蚜蟲，圖中的龜紋瓢蟲正享用一隻夾竹桃蚜。

圖十三

圖左下的小瓢蟲幼蟲捕獲一隻蚜蟲，邊食邊扛着牠走，恐防後面的幼蟲大哥哥搶去美食。

圖十四

食蚜蠅幼蟲是捕食蚜蟲的高手，進食時喜歡高舉蚜蟲。被捕食的蚜蟲本能地分泌出黃色的腹管液來抗拒。幼蟲身旁已有兩隻被吮乾的蚜蟲屍體。

圖十五

圖左方黑色的蚜小蜂正準備闖入蚜羣，找尋合適蚜蟲產卵。牠身旁是一隻蚜蟲屍體（紅褐色），死因不明。

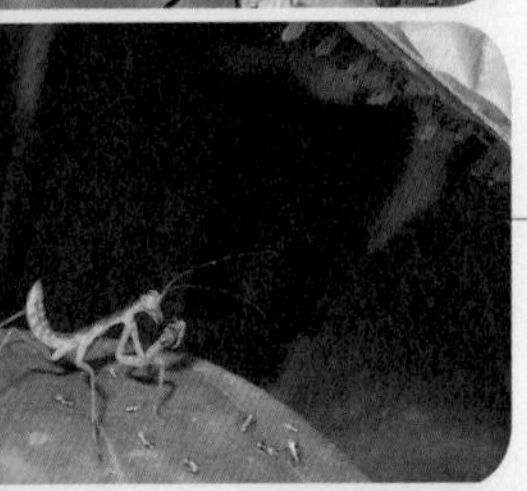

圖十六

雖然蚜蟲不是螳螂的慣常獵物，但圖中的小若螳捕獲蚜蟲後，先欣賞一番，然後不浪費地品嚐美食。

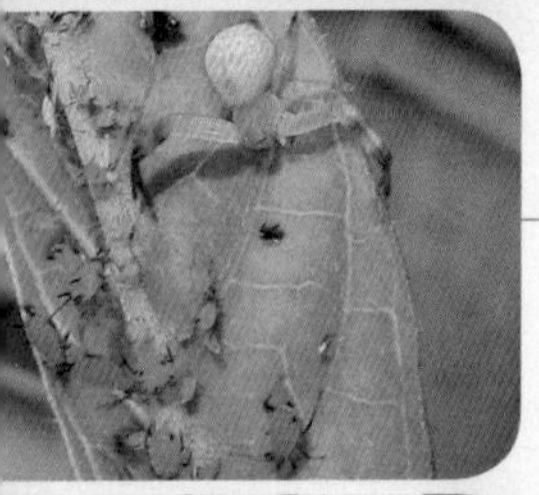

圖十七

蜘蛛喜歡捕食走動的小獵物，但也接受蚜蟲作食糧。三突花蛛正伏在蚜蟲羣邊，伺機而動。

圖十八

紅耳鵯（圖左）是常來我家露台找食物的雀鳥，喜歡吃昆蟲（如食蚜蠅幼蟲等），但夾竹桃蚜也照吃如儀。

夾竹桃蚜遇上一些天敵前來，例如瓢蟲幼蟲、蚜小蜂等，會一齊搖身踏腳，以為能嚇退敵人。但據我觀察所見，這類卻敵方法效用很微。不少個別夾竹桃蚜在被捕獲時會分泌腹管液來抗拒（圖十四），但無阻捕獵者如食蚜蠅幼蟲等繼續捕食。此外，在夾竹桃蚜羣組的邊緣，常見有個別蚜蟲在腹管口分泌圓珠形的液體，相信含有一些臭味來通知蚜羣或示警驅敵，但效果也不明顯，有關腹管液的作用請參閱「2.23 腹管液驅敵之謎」一文。

螞蟻與蚜蟲

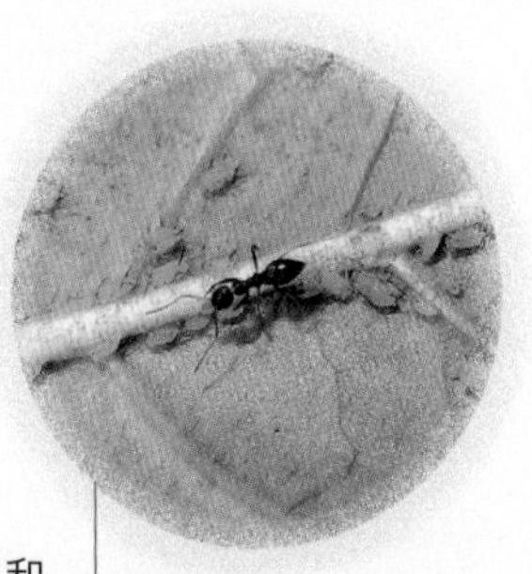

圖十九

螞蟻喜歡吃蚜蟲尾端排出來的蜜露，甚至會把蚜蟲搬到新的寄主地點，以便蚜蟲不斷供應蜜露。

螞蟻喜歡吃蚜蟲尾端排出來的蜜露，甚至把蚜蟲搬到食物充足的新寄主地點（圖十九），讓蚜蟲源源不絕的製造蜜露。螞蟻也會充當蚜蟲的保鑣，驅趕蚜蟲的天敵，如瓢蟲和食蚜蠅幼蟲等，可算是蚜蟲的好盟友。可能環境不同，螞蟻在我家的夾竹桃蚜羣體出現次數不多。

蚜蟲特趣

健康的夾竹桃蚜羣組，在天朗氣清的日子，常利用插在葉片的刺針狀口器為中心，用身體和腳部迅速短暫轉動搖擺，像有韻律地跳集體健康舞，似乎由三兩隻較大型的蚜蟲指揮帶領，動作活潑有趣，連旁觀者如我也感到很開心寫意呢！

另外一個有趣的現象，就是夾竹桃蚜似乎受到一些獵食者（如狹帶貝蚜蠅和斑翅蚜蠅幼蟲）的催眠，自動行近獵食者的身旁，甚至爬上牠們背部，徘徊眷戀不去（圖二十），不少蚜蟲就這樣送進食蚜蠅幼蟲的口中。夾竹桃蚜這種「慷慨就義」、樂於把自己充當一眾捕獵者作美食的仁慈精神，用「捨身成仁」來形容牠們，應相當恰切呢！

圖二十

夾竹桃蚜似乎受到一些獵食者如斑翅蚜蠅幼蟲的催眠，常常自動爬上牠們的背部，自動送羊入虎口。圖中的幼蟲口中正吮食蚜蟲，但牠的前身上方已附有兩隻蚜蟲等待牠享用。

1.6 蚜蟲「木乃伊」的奧秘

昆蟲界的趣怪現象可説數不勝數，連人類費盡心思為古代帝王和偉大歷史人物保存屍體為木乃伊（mummies）的構想，牠們似乎也能付諸實施。例如，一些蚜蟲品種當達到某一成長階段時，會不思進食，呆滯不動地死去，屍體逐漸微微發脹，體壁略為增厚，變成金黃色的殭屍，這就是蚜蟲「木乃伊」（Mummified Aphid）（圖一、二）。

在戶外，蚜蟲「木乃伊」雖然不是罕見，但也不常現。牠們間竭出現於茄科、十字花科，及馬利筋等植物的蚜羣中（圖二至四）。究竟「木乃伊」的出現在蚜蟲生活史中扮演一個甚麼角色？

當夾竹桃蚜「木乃伊」出現較多時，云云的「木乃伊」中除了常見的完整「木乃伊」外（圖五），還會出現一些身體有裂痕或體壁出現一扇圓形的蓋掩（圖六）的個體，有時還出現一個圓形洞口（圖七）。究竟為甚麼有這些情景發生？

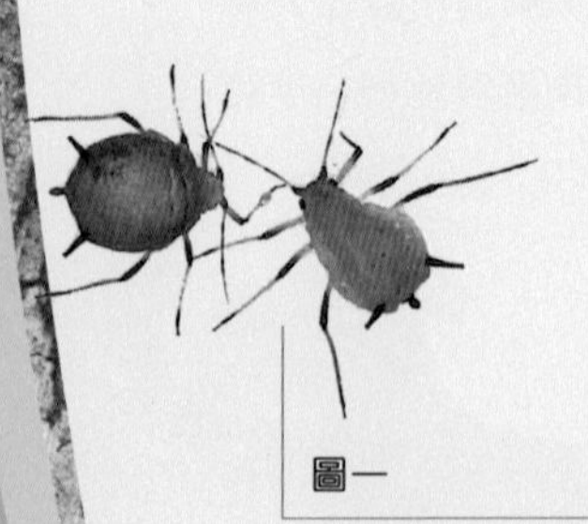

圖一

在顯微鏡下，無翅夾竹桃蚜（圖右方）與夾竹桃蚜「木乃伊」（圖左方）的近距離比較，顯示後者體型漲大、體壁變厚，及體色轉為較深的金褐色。

圖二

在茄科植物葉背上發現的典型蚜蟲「木乃伊」，除身體漲大變為圓渾外，還有金黃色的硬殼，十分趣致。

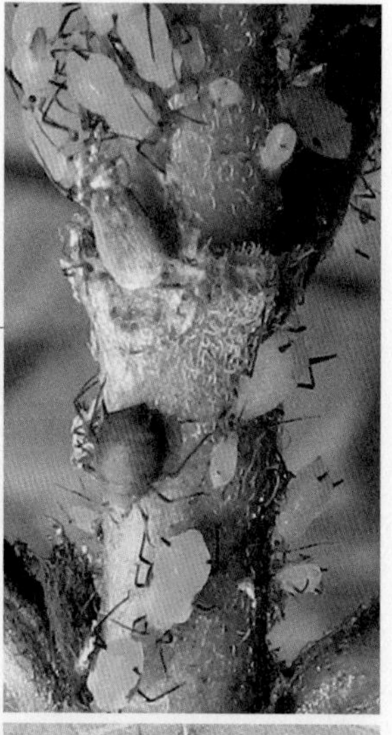

圖四

在馬利筋莖上的夾竹桃蚜族羣中，出現了一隻黃褐色的蚜蟲「木乃伊」(圖下方)。

圖三

在蘿蔔葉背上的甘藍蚜羣組中發現了一隻淺金黃色的蚜蟲「木乃伊」。

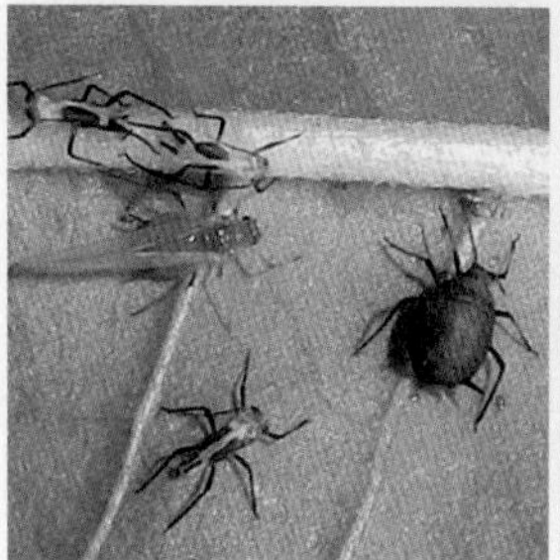

圖五

完整的夾竹桃蚜「木乃伊」(圖右)，和剛正常羽化的淺黃色有翅夾竹桃蚜同在一起，相映成趣(圖左)。

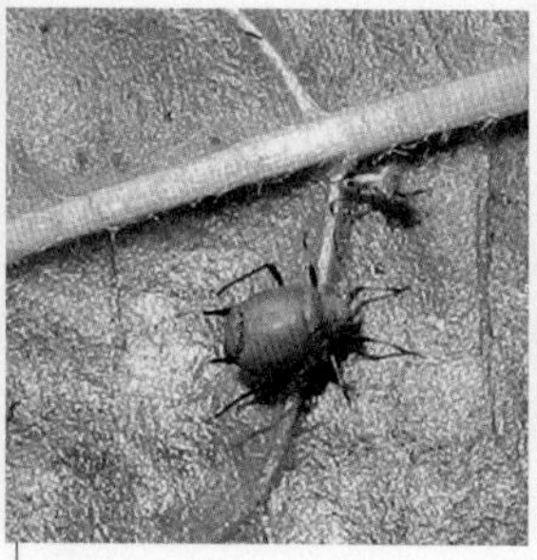

圖六

夾竹桃蚜「木乃伊」腹部後端(圖左方)，出現了環形裂痕或圓形蓋掩。

圖七

有些夾竹桃蚜「木乃伊」腹部後端可見到圓形孔洞。其實，圓形洞口的形成是環形裂痕深化後變為圓形蓋掩。當蓋掩被意外弄丟後，便出現圓洞。

原來木乃伊的形成是一種昆蟲的寄生現象，由寄生蜂以產卵管插入蚜蟲體內產卵後而引發的。寄生蜂的卵孵化為幼蟲後，在蚜蟲體內成長，刺激蚜蟲體型漲大、體壁變厚，及體色轉為較深的金褐色。再過一段時期，幼蟲變蛹再羽化為蜂，到那時後便會咬破「木乃伊」的軀殼，做成一些圓形裂痕、蓋掩或孔洞，最後鑽出來的是一隻活生生的寄生蜂（圖八）。整個過程就像死去的蚜蟲，僵化後（故又名「僵蚜」）透過「木乃伊」階段死而復生，轉世為新生的寄生蜂，十分趣怪。

圖八

剛從夾竹桃蚜「木乃伊」羽化鑽出來的，原來是一種寄生性的蚜繭蜂，並不是蚜蟲復活。左方的「木乃伊」明顯可見到裂口，相信蚜繭蜂就是從那裏鑽出來的。

其實以夾竹桃蚜為例，在適當環境下，個別蚜蟲會受到一種名為蚜繭蜂（學名：*Aphidius sp.*）（圖八、九）的寄生蜂侵襲，雌蜂產卵前會用觸角敲打蚜蟲身體來決定它是否適合產卵（圖十），然後用產卵管在蚜蟲體內產卵。幼蟲孵出後吸食蚜蟲體內組織，直至只剩下一層發漲的金黃色體壁，那就是蚜蟲「木乃伊」（圖三、四、五、八、十一）。羽化中的蚜繭蜂在鑽離「木乃伊」時便會在牠的軀殼做成一些圓形裂痕、蓋掩或孔洞（圖

圖九

在顯微鏡下，從夾竹桃蚜「木乃伊」鑽出來的蚜繭蜂，體長只有 2.5 毫米。

六、七）。其實，這些景象代表「木乃伊」體內的蚜繭蜂，在羽化中的不同程度咬破「木乃伊」外殼，以便鑽出外面過新生活的必經過程。

不說不知，一些「木乃伊」還長有翅膀。「有翅殭屍」？「有翅木乃伊」？（圖十二），聽起來很恐怖！其實，原因是蚜繭蜂有時產卵於有翅蚜蟲身上，之後，被寄生的蚜蟲轉變為「木乃伊」時，翅膀仍然留在死去的蚜蟲身上，以致出現了有翅膀的「木乃伊」。還好，牠肯定是飛不起的「木乃伊」啊！

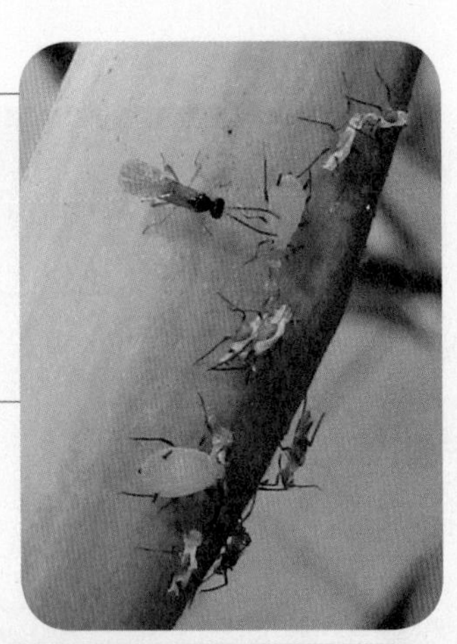

圖十

蚜繭蜂雌蜂產卵前，會用觸角敲打蚜蟲身體來決定牠是否適合產卵。

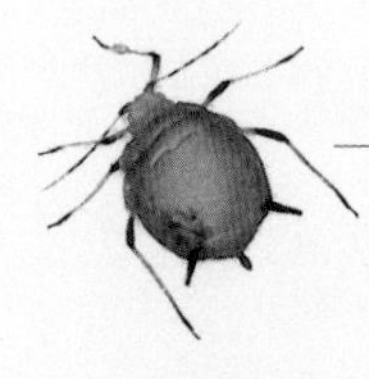

圖十一

顯微鏡下的夾竹桃蚜「木乃伊」，金黃色，體型豐滿，外殼原整，沒有翅膀。

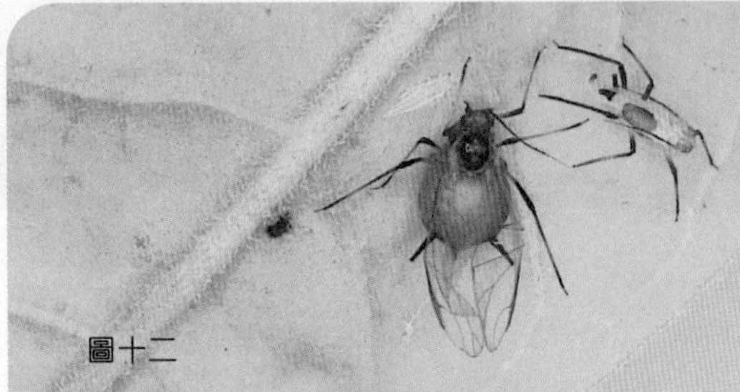

圖十二

在顯微鏡下，一隻金黃色的夾竹桃蚜「木乃伊」，還長有翅膀，令人聯想起牠是神通廣大和會飛的「有翅殭屍」。

有一次，在 2017 年春季時分，夾竹桃蚜的捕獵性天敵鮮有地失了蹤，機靈的蚜繭蜂很快把握機會，迅速擴張牠們的寄生範疇，於是越來越多蚜蟲被寄生而轉變為「木乃伊」，而我亦有難得機會拍攝到蚜繭蜂肆虐，令馬利筋枝條滿佈蚜蟲「木乃伊」的震撼情景（圖十三），也能夠拍攝到在同一個馬利筋果夾上，一次性出現所有不同階段「木乃伊」外殼破裂的情況（圖十四）。

圖十三

蚜繭蜂寄生率特高的 2017 年春天，馬利筋枝幹上蚜蟲「木乃伊」處處皆是。牠們軀殼的裂痕和蓋掩隨處可見，特別是圖片最上兩個，其中第二個還「洞門大開」呢！

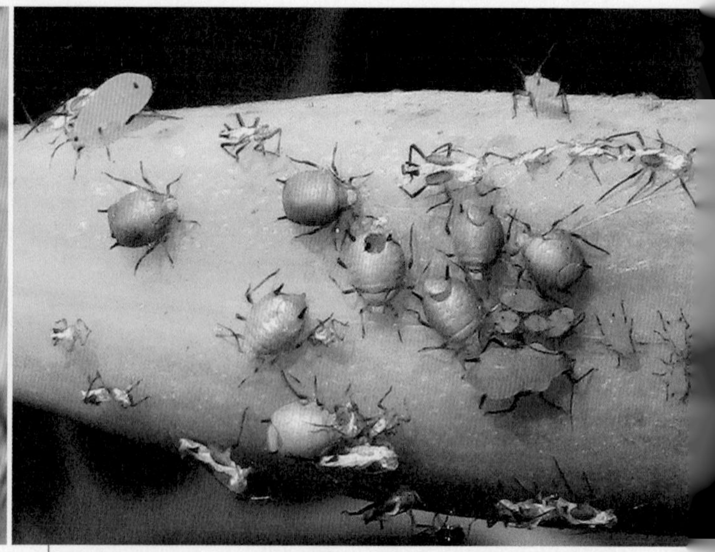

圖十四

難得蚜蟲「木乃伊」諸般型態盡展眼前，包括由左至右：
完整「木乃伊」（最左上兩個）、一個開了圓洞口的「木乃伊」（正中），及兩個有圓形裂痕或蓋掩的「木乃伊」（蚜羣左上方）。

1.7 舞龍高手
食蚜蠅幼蟲

這幾年，在我家的前後露台和花架，我透過種植馬利筋（俗稱「連生桂子花」），成功全年繁殖夾竹桃蚜種羣，於是一系列有趣的蚜蟲天敵相繼出現，其中最常見的首推食蚜蠅類（Syrphid Flies）（現常簡稱為「蚜蠅」）。原來由這大約 20 盆馬利筋組成的小型生態環境內，食蚜蠅種類相當豐富，至少有五個品種的幼蟲在夾竹桃蚜羣組中被發現，和被成功飼養為成蟲，促使牠們的身份顯露，令我更準確地觀察各品種出現的頻率和活動情況。

經過兩年多的觀察和研究，由幼蟲培育為成蟲的品種，以出現頻繁率由高至低列出的次序是：短刺刺腿蚜蠅（圖一）、狹帶貝蚜蠅（圖二）、斑翅蚜蠅（圖三）、黑帶蚜蠅（圖

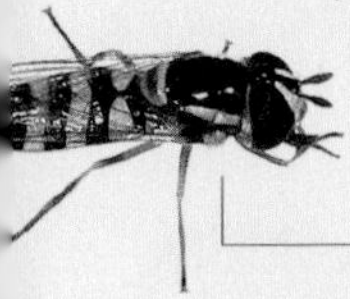

圖一

短刺刺腿蚜蠅（學名：*Ischiodon scutellaris*）是夾竹桃蚜羣組中最常見的蚜蠅品種。

圖二

狹帶貝蚜蠅（學名：*Betasyrphus serarius*）體型比短刺刺腿蚜蠅稍大，也是常見的品種。

圖三

斑翅蚜蠅（學名：*Dideopsis aegrotus*）身型是五個品種中最大的，翅膀具有明顯黑斑。

圖四

黑帶蚜蠅（學名：*Episyrphus balteatus*）。

四）和鋸盾小蚜蠅。此外，還有黑跗斑眼蚜蠅的成蟲在馬利筋的花序出現過，但尚未發現其幼蟲。

聰明的蚜蠅，會把牠們奶白色像小米粒的卵子，零星地產放在長滿蚜蟲的植物枝葉附近（圖五），甚或精心插放在蚜蟲堆中。散放卵粒的好處就像分散投資，而插放卵粒就是要確保幼蟲孵化後食用無憂。

食蚜蠅幼蟲是夾竹桃蚜主要天敵之一，初齡幼蟲會用嘴隨機地吸吮蚜蟲某部分身體，再把嘴裏的鈎狀口器連同尖細頭部，伸入蚜蟲體內刮食組織（圖六），直至只留下蚜蟲身體的空殼為止（圖七）。

圖五

葉背上兩粒奶白色小米（左上、右下），原來是食蚜蠅的卵，聰明地被雌蠅分散產放在蚜蟲堆的兩旁（見紅圈）。

圖六

食蚜蠅幼蟲用嘴吸吮蚜蟲身體，開始用口器刮食蚜蟲體內黃色組織。

圖七

蚜蟲體內組織被刮食至只留下外殼和腳，像一副半透明面具套在食蚜蠅幼蟲頭上。

有一些蚜蠅品種，例如短刺刺腿蚜蠅和狹帶貝蚜蠅，牠們的較高齡幼蟲當吸着蚜蟲身體之後，隨即會把自己前方身體連同蚜蟲一齊高舉，還邊吃邊舞動獵物，恰似我們人類節日慶典時的舞龍一般。套在蚜蠅幼蟲頭上的蚜蟲身體就充當龍頭，牠黑色的腳及觸角便變為龍鬚，十分逼真有趣。

不同品種的食蚜蠅幼蟲，因體色不同，可視為扮演「青龍」（圖八），「棕龍」（圖九）和「紅龍」（圖十）等角色。

圖八

較高齡的短刺刺腿蚜蠅幼蟲會高舉獵物，邊吃邊舞動，像表演舞龍，而蚜蟲的腳及觸角便成為龍頭的鬚，可稱之為「青龍」。

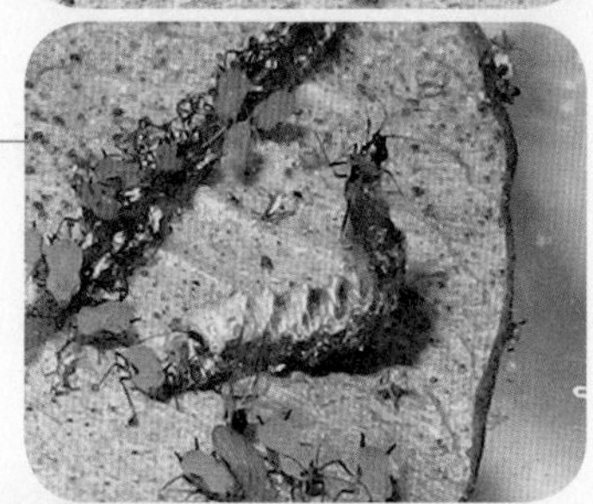

圖九

狹帶貝蚜蠅幼蟲邊吃邊舞龍的情況，牠就扮演了「棕龍」。留意蚜蟲的觸角和腳充當龍鬚，很逼真呢！

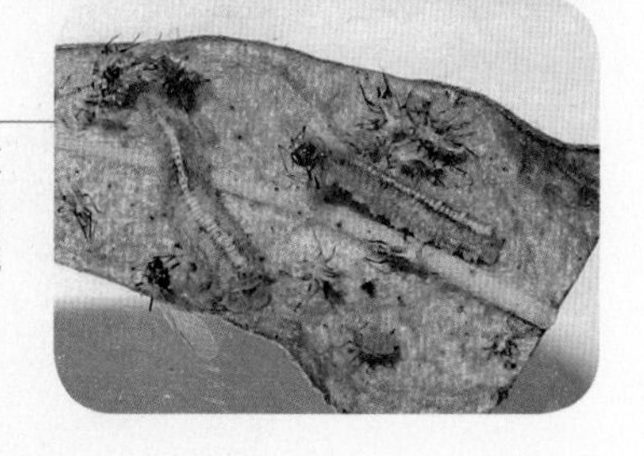

圖十

比較少見的紫紅色食蚜蠅幼蟲，是同種異色（通常是綠色，參看圖八）的短刺刺腿蚜蠅幼蟲，也在舞龍地吃食夾竹桃蚜，牠就充當「紅龍」。

間中，當獵物夾竹桃蚜被吮食時，會從腹管分泌大粒橙色驅敵液珠，於是像華人社會想像的龍吐珠情景（圖十一）便會由食蚜蠅在我們眼前演繹出來（圖十二）！

圖十一

華人社會舞龍時的龍吐珠景象。

圖十二

當蚜蟲被食蚜蠅幼蟲捕獲時，常會在腹管分泌大粒橙色臭液珠來卻敵。圖中的蚜蠅幼蟲正在舞龍般吃食，舉起帶有「金珠」的蚜蟲身體，表演一幕活生生的龍吐珠舞蹈，十分趣怪！

食蚜蠅幼蟲胃納很大，一般來說，一隻食蚜蠅幼蟲一天可取食百餘隻蚜蟲，是蚜蟲的剋星，也是防治蚜蟲為害作物的好幫手。食蚜蠅幼蟲飢餓時取食一隻復一隻蚜蟲，每次吃剩的蚜蟲屍體會棄掉在身旁不遠處，但食蚜蠅常常一再表現出有「好衣食」的美德，把吃剩的獵物屍體都放在一起（圖十三）。飽餐一頓後，逃離現場，留下一堆已被獵食的蚜蟲軀殼。所以，若果我們在植物的葉間發現一堆蚜蟲屍體，便可推斷食蚜蠅幼蟲曾經在那裏大開殺戒。

圖十三

斑翅蚜蠅幼蟲（圖左方）似乎很有紀律地把獵物的黑色屍體堆在一起（圖右上方）。

以獵食夾竹桃蚜的食蚜蠅幼蟲為例，不同品種的食蚜蠅，包括短刺刺腿蚜蠅（圖十四）、鋸盾小蚜蠅（圖十五）、狹帶貝蚜蠅（圖十六）、斑翅蚜蠅（圖十七），及黑帶蚜蠅（圖十八）等品種的幼蟲，輪流接力登場，好像早有默契，除了短暫時間有多於一個品種同時出現外，通常都是一個品種獨佔鰲頭。

觀察所得，眾多品種中以短刺刺腿食蚜蠅幼蟲的出現率最普遍，其次便是狹帶貝蚜蠅。在生物競爭世界中，小蟲蟲們又似乎同時懂得互相包容，接受其他物種的存在而找出一個較為折衷的共存方法。

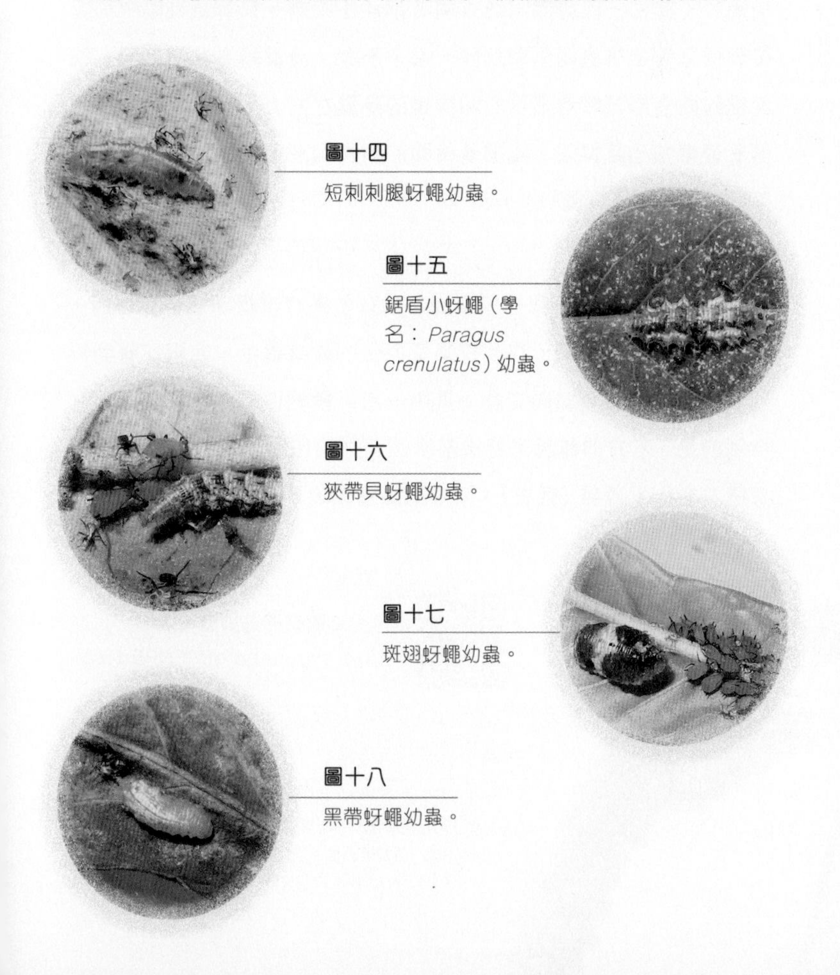

圖十四
短刺刺腿蚜蠅幼蟲。

圖十五
鋸盾小蚜蠅（學名：*Paragus crenulatus*）幼蟲。

圖十六
狹帶貝蚜蠅幼蟲。

圖十七
斑翅蚜蠅幼蟲。

圖十八
黑帶蚜蠅幼蟲。

1.8 喜跳婚舞的短刺刺腿蚜蠅

2015 年 9 月，在沙田馬料水一片小豆角田上，當我正聚精會神地拍攝豆角莖上的蚜蟲時，在旁的家人緊急叫我向上望，原來有兩隻短刺刺腿蚜蠅正伏在上面的豆角莖上交尾，我於是急忙拿相機拍短片。起初一段時間，雌雄兩者都停留不動，只有雌蟲間中提起後腳掃打背上雄蟲兩側和翅膀。過了不久，雌蟲轉為非常活潑，輪流提起兩後腳輕鬆地把自己和雄蟲的身體左右上下傾斜扭動，像跟隨着音樂拍子起舞般，配襯着後面的樹木和藍天景色，築構成一幅美麗自然的動畫（圖一）。

2016 年 12 月，我在家裏成功培育了夾竹桃蚜和很多食蚜蠅，尤其是短刺刺腿蚜蠅。在我實驗室羽化的雌雄蟲中，我兩次看到短刺刺腿蚜蠅在玻璃皿內交配。其中一次，牠們似乎非常享受過程。特別的是，下方的雌蟲常把頭部愣頭愣腦般扭動（圖二），同時也將身體左右上下搖晃（圖三），就像跳霹靂舞般。

短刺刺腿蚜蠅的婚舞表演！
https://youtu.be/qBPENPBdubM

圖一

在長滿蚜蟲的豆角莖的頂部，一對短刺刺腿蚜蠅正倒掛地在交配，雌蠅落力地背着雄蟲左右上下傾斜扭動，很享受地大跳婚舞。

雌蟲左右傾側時，幅度可以很大，有時身體幾乎觸到地面（圖四），交配為時大約 30 分鐘，持續觀察下發現雌蟲曾因大動作而跌倒，身體反轉朝天（圖五），但雄蟲還緊抱雌蟲不放，交尾仍然繼續。雌蟲倒臥在地面約半分鐘後，抖擻精神，一下子突然來一個大翻身重新企立。背着雄蟲的雌蟲企穩步腳後，便繼續不停地搖晃跳舞（圖六），為時另外 5 分鐘，完成交配後才分開。

在我觀察的經驗中，只曾見過三次短刺刺腿蚜蠅交配，每次都看到牠們跳婚舞。由於沒有機會見過其他品種的食蚜蠅交配，所以仍未能肯定牠們是否也喜歡跳婚舞呢。

看到短刺刺腿蚜蠅跳婚舞，可算是難得的機會，令我印象深刻，相信大部分的城市人尚未見過，就在這裏與各位分享。

圖二

雌性蚜蠅在跳婚舞中，常把頭頸部左右扭動。圖下方的雌蟲正把頭部向左扭轉約 90 度，好像吃了搖頭丸那麼興奮。

圖三

在婚舞中，下方的雌蠅將身體不停地左右上下扭動，好像跳霹靂舞一樣。

圖四

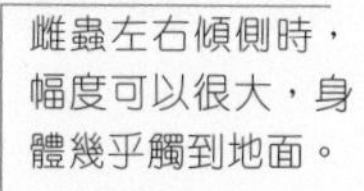

雌蟲左右傾側時，幅度可以很大，身體幾乎觸到地面。

圖五

雌蟲曾因大動作而失誤跌倒，身體反轉朝天，但雄蟲仍舊緊抱雌蟲不放，交尾仍然繼續。

圖六

稍事一會，雌蠅突然來一個大翻身，重新企立，繼續背着雄蟲不停地搖晃，再跳婚舞。

1.9 草蛉與褐蛉

草蛉（Green Lacewing）是昆蟲界中較為獨特的小昆蟲。一般住在近山邊或公園的城市人，也會有機會在晚上遇到牠們闖入家居（圖一）。原因是草蛉趨光性強，傾向飛到有燈光的家居和種植在花架或露台的植物，找尋有蚜蟲和其他身體柔軟的小獵物的枝葉產卵，為幼蟲的未來食糧早作安排。與牠相似的褐蛉（Brown Lacewing）卻很少闖入家居，雖然血脈相近和習性相似，但被城市人遇見的情況很少。趁這兩類蛉都被我培植的馬利筋上的大量夾竹桃蚜所吸引而出現，在這裏花些篇幅介紹一下。

顧名思義，草蛉的體色是綠色而褐蛉的體式是黃褐色至深褐色。褐蛉個子較細小，觸角也較短（圖二）。草蛉與褐蛉可算是同一家族的堂兄弟關係，同屬脈翅目（Neuroptera），有一對圓形的眼情和兩對大小相若、透明而薄質的翅膀，翅脈分佈發達成網狀。褐蛉翅膀較圓勻。

圖一

草蛉趨光性強，常於晚上闖入家居，圖中草蛉正伏在我廚房的牆壁上。褐蛉則尚未見有同樣情況。

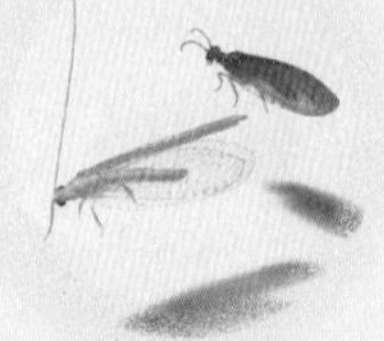

圖二

草蛉與褐蛉同屬脈翅目的昆蟲，草蛉的體色是綠色而褐蛉是褐色。難得牠們同時現身，讓我拍個合照以易於比較。草蛉個子較大，觸角也較長。

兩種蛉的產卵方式有別，雌性草蛉產放綠色的卵在自己分泌出來的卵柄上（圖三），以增強對幼小的保護，避免互相殘殺。褐蛉則直接產卵於葉面，通常在蚜蟲羣組附近，一組一組地產放，每組約 6-10 粒或更多粒。初生的卵是淺奶白色（圖四），稍後轉變為淺金黃色，再轉紫色後才孵化（圖五）。

圖三

在顯微鏡下，可見三粒垂在卵柄的草蛉卵。上方白色的一粒是空卵殼。在中間的有一隻初孵出的草蛉幼蟲仍伏在空卵殼上，休養生息，待遲些才爬離卵柄開始覓食。另一粒卵仍然綠色，歪斜地與幼蟲的卵柄互相接觸。

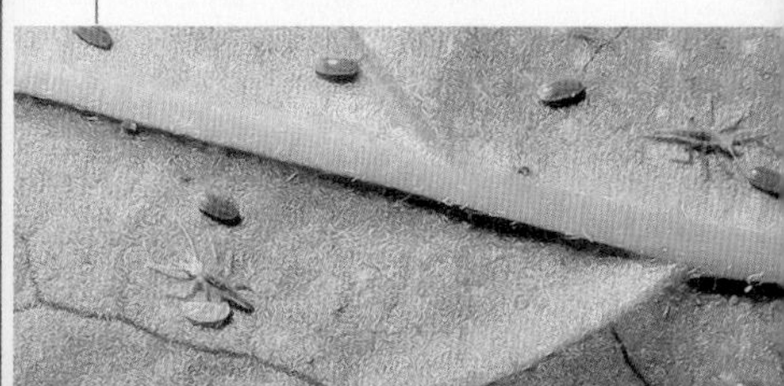

圖五

褐蛉卵成熟時變為紫紅色。左下方是一條孵出不久的幼蟲，留在空卵殼旁邊歇息。

圖四

兩隻褐蛉在晚上徘徊於馬利筋枝葉和蚜蟲羣間，似乎在找尋適當地點產卵。左方六粒白色物體正是褐蛉剛產下的卵粒。

褐蛉的幼蟲（圖六）與成蟲（圖七）都具捕獵習性。幼蟲喜歡捕食蚜蟲，和身體柔軟的昆蟲如粉蚧、蚧殼蟲及昆蟲的卵。而且不介意羣食同一獵物（圖六），這習性與喜歡獨享獵物的草蛉幼蟲不同。初生褐蛉幼蟲會取食身邊尚未孵化的卵（圖八）。褐蛉幼蟲非常活躍，喜歡作狀把頭衝向獵物來測試安全，有時用馬蹄鐵形、尖利如叉的口器獵食，捕獲獵物時，會含着獵物上下左右移動來吃。觀察所得，幼蟲常常稍吃一會便拋棄獵物，似乎有點浪費習慣。兩種蛉的幼蟲都有很大胃納，尤其是對蚜蟲獵物。

草蛉的幼蟲喜歡吃蚜蟲（圖九），有「蚜獅」的稱號，但也吃紅蜘蛛、薊馬（圖十）、榕木蝨和蛾蝶類的幼蟲（圖十一）等。又喜歡把雜物及獵物屍體放在背上（圖九、十）。有時這種行為變得很執着，像有潔癖的清道夫，連進食也忘記了，就算獵物在前，也阻止不到牠找尋雜物放在背上作偽裝的決心。草蛉幼蟲有時非常活

圖六

褐蛉幼蟲不介意羣食同一獵物，圖左方顯示三條幼蟲同時享用一蚜蟲。

圖七

褐蛉成蟲除了吃花蜜外，還喜歡捕食蚜蟲。圖中褐蛉正捕獲一隻蚜蟲，含在口中準備享用。

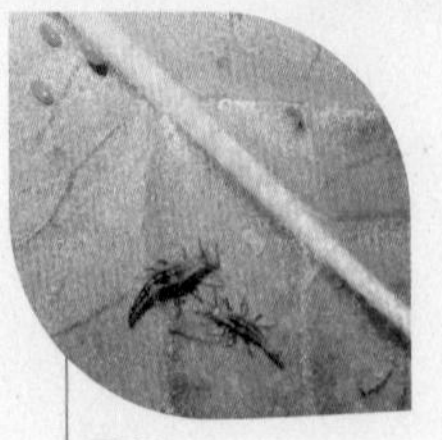

圖八

褐蛉幼蟲嗜食小昆蟲的卵，只要易於找到，不管是同一母親所生的卵，亦照食如儀。

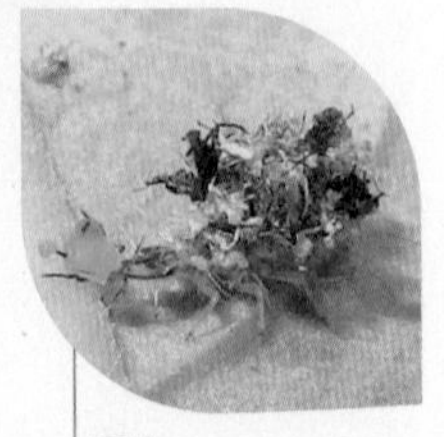

圖九

背負雜物的草蛉幼蟲正用口器吸食夾竹桃蚜體液。

圖十

放了碎屑和蚜蟲乾屍在背上來隱蔽自己的草蛉幼蟲，正在捕食一隻黑色小薊馬（圖左方）。

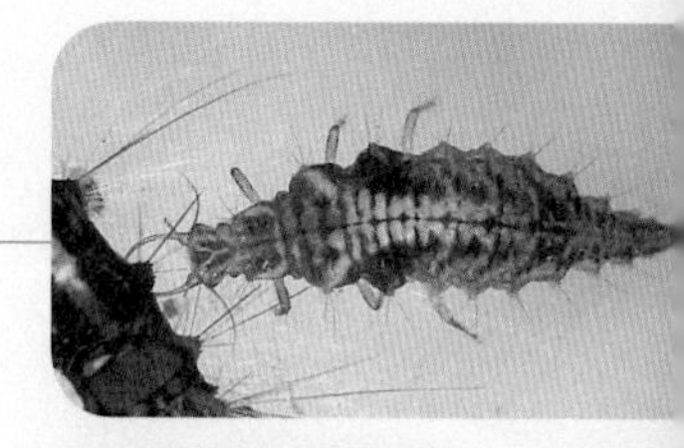

圖十一

在顯微鏡下，草蛉幼蟲正以鐮刀狀口器插入榕透翅毒蛾幼蟲體內吸食體液。留意草蛉幼蟲身上有一組一組的刺毛。

圖十二

在顯微鏡下，褐蛉幼蟲正以馬蹄鐵形、尖利如叉的口器插入蚜蟲身體，吸食體液。留意幼蟲體上幾乎找不到刺毛。

躍，不斷快速走動，但有時則靜而不動。除了背部放有雜物掩飾外，草蛉幼蟲身上的刺毛也明顯較褐蛉多（圖十一、十二）。

草蛉的蛹藏在密縫的圓球形繭內，繭的表面還常留有幼蟲時背負在身體上的雜物碎屑和獵物屍體（圖十三）。褐蛉的繭是白色的，由兩層稀鬆的絲繭組成，不會附着任何雜物或獵物屍體（圖十四）。

草蛉與褐蛉幼蟲，都是著名的昆蟲捕獵者，尤其喜歡捕食寄主植物廣闊及繁殖力強的蚜蟲。牠們食量大，是幫助人類控制農作物及林木害蟲的好幫手。

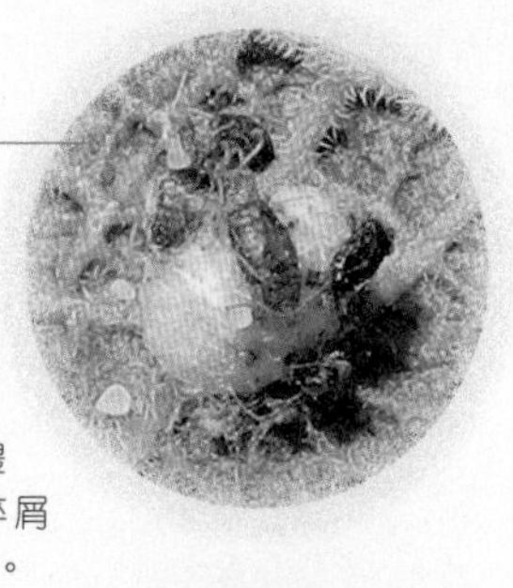

圖十三

草蛉的蛹繭是圓球形的，表面還常留有幼蟲時背負在身體上的雜物碎屑和獵物屍體。

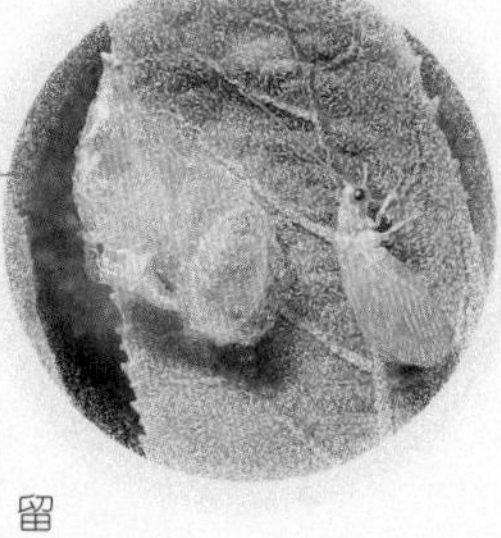

圖十四

褐蛉的繭（中間）、空繭（左方）和初羽化出來的褐蛉（右方）。留意褐蛉的蛹是藏在兩層稀疏的絲繭內。

2.0 為生存，奇謀盡出

與人類一樣，地球上的動物要生存，就要解決「衣、食、住、行」等問題。昆蟲在「衣」和「行」方面，早就基本解決了這些問題。透過外骨骼的保護，牠們只需要間歇性蛻皮讓身體成長，便把「衣」的問題大致上解決。有關「行」方面，牠們更能超卓地處理。成蟲昆蟲的翅膀和三對足，給予牠們無比的移動空間，至於幼小的卵或幼蟲，多數被母蟲產放於食物附近，所以無腳的幼蟲覓食也不致受太大影響；何況不少品種的幼蟲擁有真足，有些還長有腹足（如蛾蝶類幼蟲）。所以在隨後的章節，我會在「食」、「住」和「保命自衛」三方面，多花些篇幅來介紹昆蟲趣味的技能和策略。

在這個章節，我會以處於亞熱帶地區的香港昆蟲品種為主，以趣味性角度介紹昆蟲的求生方法，分為「覓食謀略」、「居者有其屋」和「保命求生妙法」三節，以顯示蟲蟲的生存智慧，以及牠們演化出來的五花八門求生妙技！

I 覓食謀略

要生存、長大和繁衍下代，所有動物，包括小蟲蟲都要進食。有些品種只吃素（herbivorous）；有些只吃肉（carnivorous）；另一些則是雜食（omnivorous）。而食物選擇中，也可以分為單食性（monophagous），即只吃某一科或某一屬的植物，如小菜蛾幼蟲（俗稱吊絲蟲）只吃十字花科植物，玉帶鳳蝶幼蟲只吃芸香科的植物；和多食性（polyphgous），即可吃不同種類的植物，如斜紋夜蛾及桃蚜，可吃不同科目的植物。

我在前作《尋蟲記 2—蟲中取樂》的 5.6 節「進食百態」中，已經介紹過昆蟲進食的各種特化口器，如咀嚼式、刺吸式、虹吸式和舐吸式等。這一章節則會聚焦於昆蟲的覓食謀略和特化的覓食方法。

眾所周知，哺乳類動物的母親對幼兒有呵護和餵食的習性。小昆蟲在這方面當然無法比擬，但一些蟲蟲也會有策略地在小寶寶出生前選擇好生境，或傳承一些特別基因，幫助幼兒出世後易於覓食。一些品種更能利用進食的多餘營養排出蜜露來吸引螞蟻，以換取牠們的保護，及達到互利共生（mutualism）的境界。此外，一些昆蟲為了適應環境，會演化為以寄生覓食。我這個章節會與各位探索這些有創意、經得起考驗的趣味覓食謀略。

2.1 娘親妙計助覓食

初生幼蟲覓食最重要的需求，就是能身處食物所在地源頭。對肉食性幼蟲來説，牠們最好再具有不易被獵物察覺的本領，這些覓食條件就有賴母蟲產卵時的精打細算佈局。

覓食基本法——「近水樓台」

覓食最基本的法則就是「近水樓台」。不少品種的母蟲都會選擇鄰近食物的地點產卵，例如鳳蝶幼蟲是植食性（phytophagous，只吃素），雌蝶只會選擇在寄主柑橘樹的幼芽嫩葉上產卵（圖一）。同樣地，棕斑澳黃毒蛾產卵在寄主之一的馬利筋葉上，還在卵面蓋上母蛾的體毛以作額外保護，幼蟲一旦孵出便可立即進食（圖二）。

至於肉食性（carnivorous，只吃肉）的幼蟲，例如褐蛉、食蚜蠅等種類的雌蟲，也會找尋獵物聚居的地方附近產卵（圖三、四、五），務求令幼兒寶寶易於覓食。

娘親的錦囊妙計

此外，有些品種的泥蜂還掌握到一些錦囊妙計，牠們會在產卵前做足保護幼小的設施（如建造泥巢），苦心儲備已經保鮮的獵物給幼蟲享用，直至其成長變蛹，再羽化為成蟲。這些費盡心思的雌蟲，包括駝腹壁泥蜂和日本藍泥蜂等，牠們除了為幼兒預先建造泥管或泥巢（圖六）外，還捕獵足夠數量的獵物蜘蛛（圖七）或昆蟲

圖一

玉帶鳳蝶雌蝶早前探訪了這株桔樹，選擇了它的幼芽嫩枝來分散地產放了六枚卵粒，有效地執行「近水樓台」的計劃幫助幼兒覓食。

圖二

棕斑澳黃毒蛾早前產卵在寄主馬利筋葉上，還在卵面蓋上母蛾的體毛以作額外保護。幼蟲孵出不久，已開始咬食樹葉，凹陷的咬痕明顯可見（圖下方）。

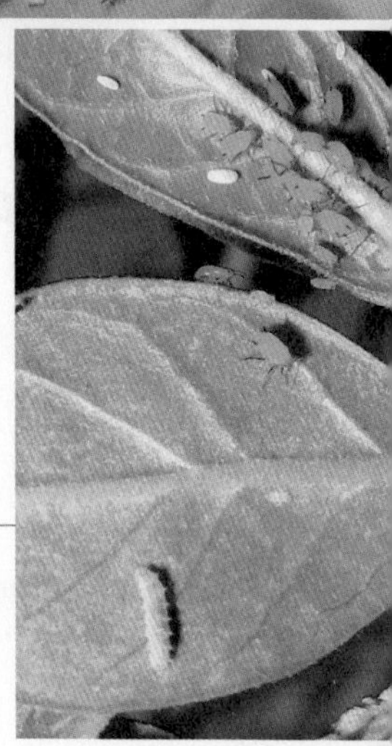

圖三

褐蛉媽媽最懂「近水樓台」的道理，在離開夾竹桃蚜不遠的馬利筋葉上產放了約十個卵粒。

圖四

褐蛉幼蟲孵化後只要稍移玉步，已能找到獵物夾竹桃蚜飽餐一頓。左方是褐蛉幼蟲留下的破碎卵殼。

圖五

短刺刺腿蚜蠅聰明地產放了四粒奶白色卵子包圍一羣組夾竹桃蚜，幼蟲孵化後自當不愁沒有美食侍候。另一條早前已孵化出來淺綠色食蚜蠅幼蟲（圖下方），正出動覓食。

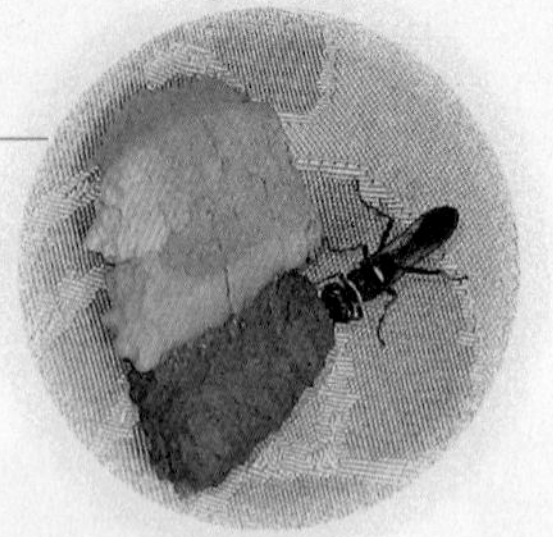

圖六

駝腹壁泥蜂以泥和水築造泥管巢給幼小享用。圖中雌蟲正落力建築第三條巢管（深褐色的一條，因為水份仍未乾）。雌蜂在管口正仔細審視泥管的滿意度。

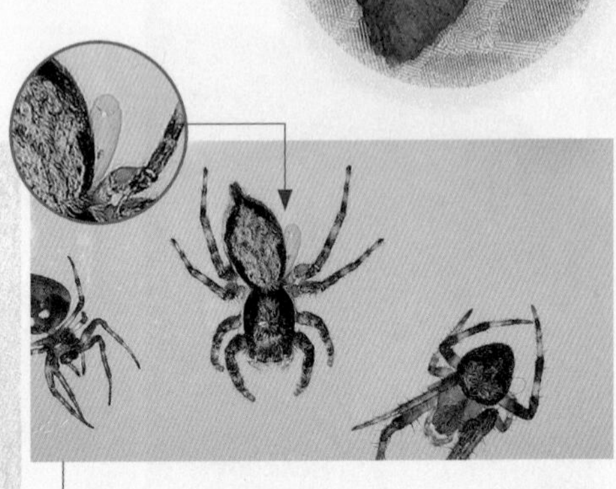

圖七

雌蜂在一條管巢內放置了三隻已被牠麻醉的蜘蛛以保存新鮮度，估算這三隻獵物已足夠快將孵化的幼蟲之成長所需。留意雌蜂已在中央那一隻蜘蛛左後腿腋下產放了一粒淺黃色的卵。

圖八

日本藍泥蜂利用我家裏的螺絲釘孔（圖上方）作為管巢，捕獲一條大獵物幼蟲，雌蜂擬放進管口時意外跌下，正重新把獵物放入管內。

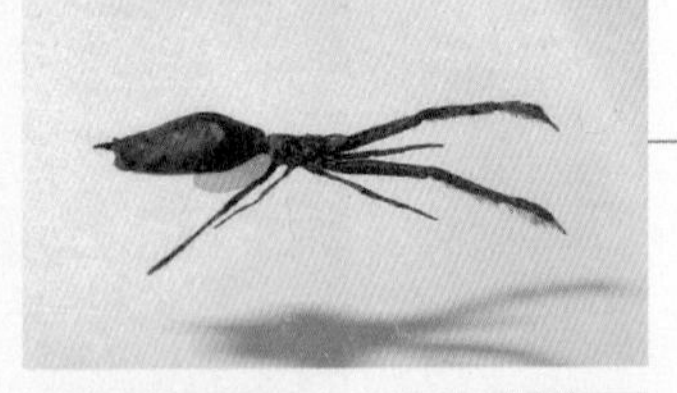

圖九

在另一隻長腹蜘蛛右後腿腋下，可見到一條剛孵化出來的日本藍泥蜂幼蟲，附在已被麻醉的蜘蛛身上吸食體液。

圖十

日本藍泥蜂幼蟲吸食被麻醉的蜘蛛體液後，日漸長大（左上方），而蜘蛛身體則慢慢枯竭。娘親的護幼錦囊妙計成功了！

（圖八），以毒針把獵物適度麻醉以保持新鮮度，才在獵物身上產卵（圖七、九），好讓自己的幼兒孵出後食住無憂地長大（圖十），再羽化為成蟲。母蟲用心良苦，還顯露出牠們聰穎和具遠見的一面。

隱身妙術

母蟲呵護幼蟲的安排，不只以上兩種。另一種慣常採用的方法，就是透過基因的傳承，讓幼蟲擁有自身的隱身本領，使獵物減低警覺性，幼蟲藉此便能隨心所欲，隱身於獵物叢中，大快朵頤。例如，草蛉幼蟲天生懂得把碎屑雜物和獵物的乾屍放在背上，以隱藏自己（圖十一），不為察覺地走近獵物後成功突襲（圖十二）。不少捕食性的小昆蟲，例如食蚜蠅幼蟲，都懂得運用保護色（圖十三、十四），令獵物難以察覺，而作為覓食者的自己便更得心應手。

圖十一

善於以碎屑和獵物乾屍放在背上來隱蔽自己的草蛉幼蟲，因之前生境中的主要獵物是長滿白色蠟絲的粉蝨和木蝨，所以草蛉也看似一團白蠟絲。這樣巧妙的隱藏自己，令獵物難以察覺和有所防備。

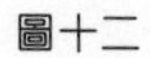

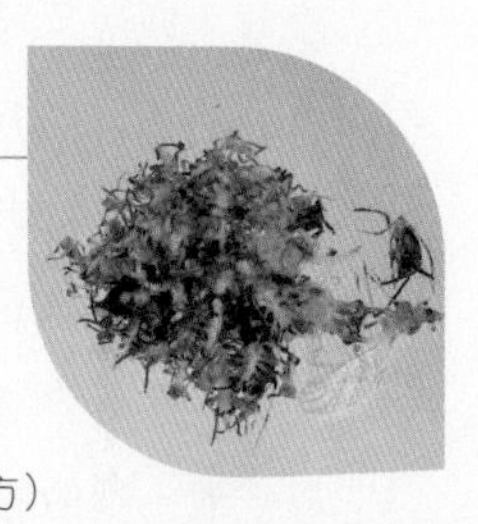

圖十二

以碎屑和蚜蟲乾屍放在背上來隱蔽自己的草蛉幼蟲，令獵物防不勝防。夾竹桃蚜（圖左方）唯有任由捕食。

圖十三

食蚜蠅幼蟲也會利用體色隱蔽自己，一條短刺刺腿蚜蠅幼蟲（圖左方），充分利用牠體色與蚜蟲寄主植物相若的綠色配合，混入蚜羣中。

圖十四

一條混在豆蚜羣中的斑翅蚜蠅幼蟲（右上方），以配合的體色成功與蚜羣融合一起，不愁食物缺乏。

2.2 守株待兔的紅蜘蛛

我在之前第一部分曾談及龍眼葉癭蚊，如何從葫蘆形的蟲癭羽化出來的情況（請參閱「1.3 煙囪冒出白煙，教宗選出來了！」一文）。透過顯微鏡觀察這個過程時，我也發現了一種比常見為害植物的小紅蜘蛛較大型的紅蜘蛛，體長約 1.5 毫米。牠身手敏捷，行動迅速，但不少時候也會一動不動地獨處蟲癭叢中（圖一）。

原來紅蜘蛛是耐心等待癭蚊羽化時獵食牠（圖二）。羽化中的癭蚊，頭部及前身會鑽破癭頂而出，初出時軟弱無力，爬到蟲癭頂上埋伏的紅蜘蛛於是把握機會用前足抱着癭蚊（圖三），再用力把癭蚊從癭頂拉出來，搬落葉面後（圖四），移至紅蜘蛛感到安全的地點，才慢慢享用（圖五）。飽餐一頓後，紅蜘蛛又會返回癭巢堆之間，找個合適地點匿藏和等待，重施故伎，再用守株待兔的策略，靜候新一輪的獵物出現（圖六）。

龍眼葉癭蚊羽化，通常一年只有一季。那麼沒有癭蚊的歲月，紅蜘蛛如何生存呢？ 我在這龍眼樹旁邊的一株柚樹的葉片間找到一些答案。原來這種紅蜘蛛，也會獵食黑色的桔二岔蚜（圖七）呢！總之，為生存，各出法寶，紅蜘蛛也不例外。

圖一

一隻紅蜘蛛藏匿在蟲癭堆中，採用守株待兔的方法，靜候獵物現身。

在動物分類學中，紅蜘蛛（Red Spider Mite）屬蛛形綱（Class Arachnida），與昆蟲綱、甲殼綱（蝦、蟹等）一同歸入節肢動物門（Phylum Arthropoda），與昆蟲的關係可算表兄弟。我們常見的小紅蜘蛛，如侵害馬利筋的那種，是植食性的。這節談及的是肉食性紅蜘蛛。還有另外一類小型紅蜘蛛，牠們是昆蟲和蜘蛛的體外寄生蟲（請參閱 2.4「穿金帶玉」，靠寄生過活一文），可見蟲蟲為求生存的無比適應力。

圖二

羽化中的龍眼癭蚊，頭部及前身剛鑽出癭頂的時候，紅蜘蛛早已在頂口埋伏。

圖三

羽化中的癭蚊軟弱無力，紅蜘蛛把握機會，用前足抱起，把牠搬離蟲癭巢。

圖四

癭蚊尚未完成羽化，白色蛹皮仍然附在尾部，但已被紅蜘蛛搬到葉面上。

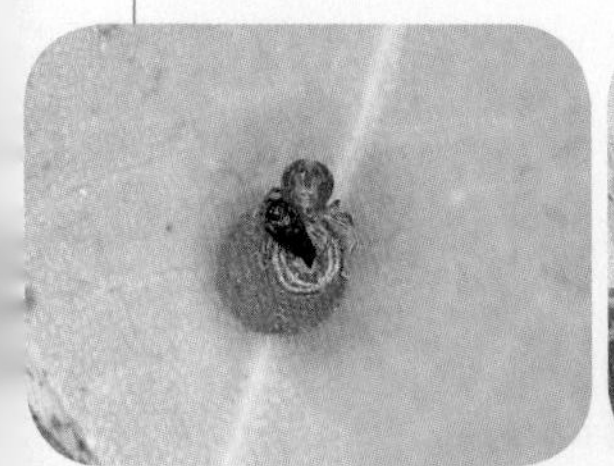

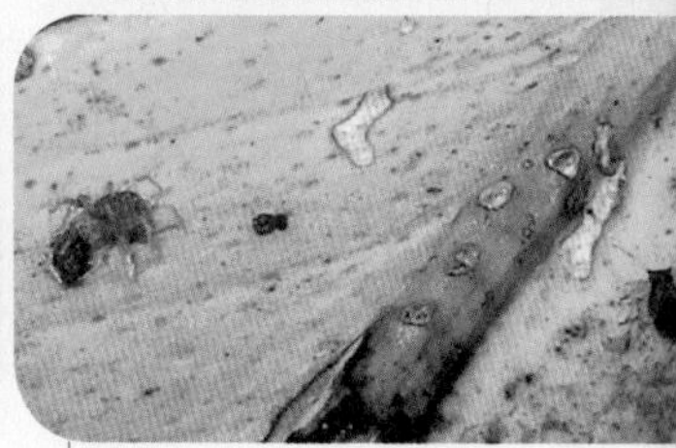

圖五

紅蜘蛛把癭蚊搬到牠感到安全的地點，才慢慢飽餐一頓。

圖六

用餐完畢，紅蜘蛛再找個安全匿藏的地點，準備再施守株待兔的妙計。

圖七

紅蜘蛛的獵物，除癭蚊外還包括蚜蟲。圖左方是紅蜘蛛捕食蚜蟲情況，右邊是一隻黑色的桔二岔蚜。

2.3 互惠互利找生計

在野外雜樹的枝葉和農田間的瓜菜上，每當我們找到蚜蟲，又再細心察看時，就有相當機會發現有一些螞蟻混雜其中（圖一），螞蟻非但不吃蚜蟲，兩者相處更異常融洽。螞蟻與蚜蟲的關係為甚麼這般密切呢？

圖一

螞蟻與竹莖扁蚜十分混熟，原來這種螞蟻特別依賴蜜露作主要維生糧食之一。

原來螞蟻喜歡吃蚜蟲尾端分泌出來的蜜露。理論上，蜜露其實是蚜蟲的排泄物。話說蚜蟲刺針式的管狀口器，插入寄主植物的韌皮部篩管中吸食汁液，口器刺進篩管後，植物汁液在高壓作用下，會自動進入蚜蟲食道。雖然汁液含糖量高，但只含低成分用以製造蛋白質的氮化物，於是蚜蟲要攝入大量甚至超過本身需要的植物汁液，才能滿足自身對氮化物的營養需求，多餘而含高糖份的液汁便從肛門排出，這就是「蜜露」（圖二）——螞蟻的至愛！

圖二

葉片上的蚜蟲羣正排出三數粒綠色圓珠形的蜜露，一隻雙齒多刺蟻正細心欣賞蜜露珠和小心呵護這些會「生金珠」的寶貝蚜蟲。

螞蟻嗜食蚜蟲尾部分泌的蜜露，已是人所共知，個別螞蟻還急不及待爬上蚜蟲背部，舔食留在腹端的蜜露（圖三）。螞蟻嗜食蚜蟲蜜露的趣怪情況，有時極像人類社會交朋友的情境，根據一輯生態影片播出的片段，原來某類蚜蟲能分辨出與牠們友好的個別螞蟻，只有這些螞蟻用觸角敲打蚜蟲身體，蚜蟲才會分泌蜜露給牠們享用。陌生的個別螞蟻則無法取得蜜露，只能靠與蚜蟲稔熟的螞蟻幫忙，才取食到蜜露。

圖三

圖中的小黑蟻視蜜露如寶，爬上蚜蟲身上，聚精會神地舔食夾竹桃蚜尾部的蜜露。

可能因為螞蟻極之喜歡蜜露，所以演化出兩者一種奇特的互惠互利關係。螞蟻負起照顧及保護蚜蟲（圖四）的責任，而蚜蟲則源源不絕地供應蜜露給螞蟻享用。一些螞蟻品種，還會有秩序地呵護蚜羣，井井有條地佈防以確保蚜蟲的安全（圖五）。

圖四

亮胸舉腹蟻一族酷愛蜜露，正在無微不至地呵護和保衛這羣包括有翅、無翅的桔二叉蚜及牠們的若蟲。

圖五

亮胸舉腹蟻懂得有策略性地保護這羣桔二叉蚜，螞蟻分為左右兩排，擺出梅花間竹的分工陣勢，來確保呵護和防衛效率。

一些個別螞蟻品種還懂得未雨綢繆，在有需要時會把蚜蟲搬到食物較為充足的生境（圖六至八），包括毗鄰的健康寄主植株，務求令蚜蟲食物充足，為螞蟻源源不絕地製造蜜露。

圖六

小黑蟻口中啣着一隻黃色的夾竹桃蚜若蟲，看似有所行動。

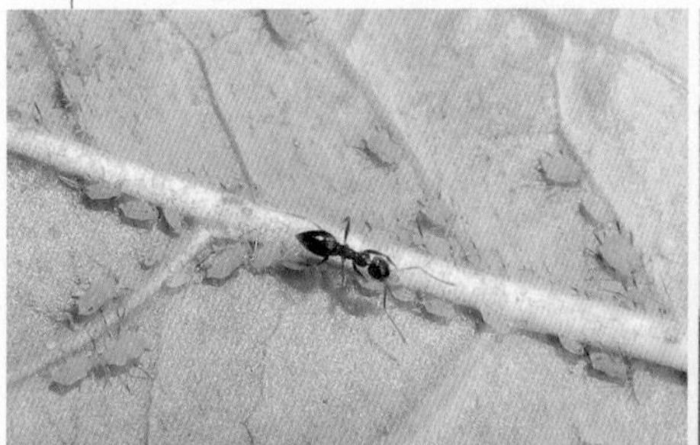

圖七

不一會啣着夾竹桃蚜若蟲的小黑蟻，已急步走到葉子的另一邊。

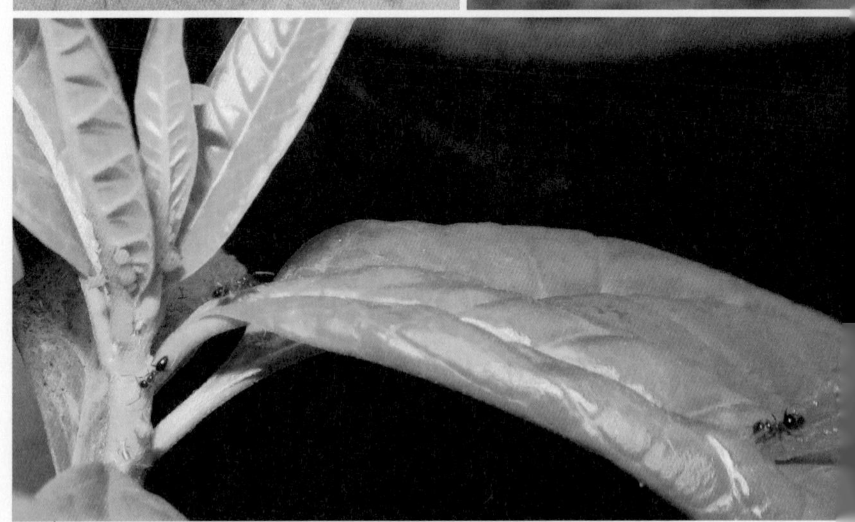

圖八

原來透過兩株隔鄰寄主植物的葉與葉的接觸（圖右下方），螞蟻已可以把蚜蟲搬遷到新生境，令蚜蟲食物豐裕，而螞蟻族羣亦可享用源源出產的蜜露。

嗜食蜜露的螞蟻也是蚜蟲的保鑣。當蚜蟲的天敵，例如瓢蟲、食蚜蠅幼蟲等出現時，螞蟻羣會羣起保衛蚜蟲，試圖圍攻或驅走來犯的天敵（圖九、十）。

圖九

螞蟻也是蚜蟲的保鑣，身披白色長蠟條的後斑小瓢蟲幼蟲（圖右方）正想闖進芋葉上的蚜羣時，被五隻螞蟻包圍，只有嘆句：「行不得也哥哥」。

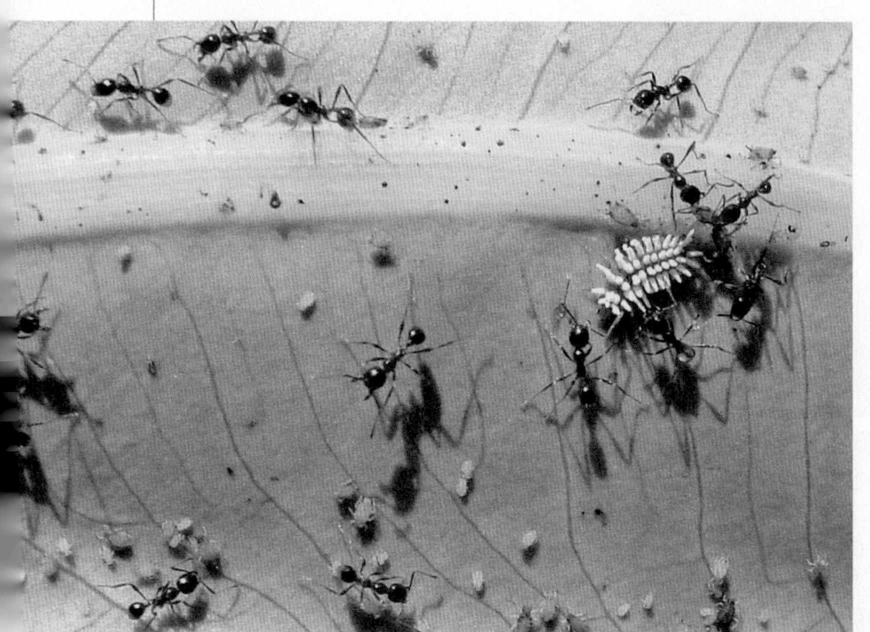

圖十

芋葉的另一邊廂，食蚜蠅幼蟲（圖左方）也想闖入蚜羣覓食。警覺性高的螞蟻早已佈下天羅地網，把牠團團包圍，其中兩隻更爬上食蚜蟲身上，用口部大顎向牠攻擊。

蚜蟲與螞蟻的互利共生關係也普遍發生於各類分泌蜜露的小昆蟲，如小木蝨（圖十一）、飛蝨（圖十二）、粉蚧（圖十三）和蚧殼蟲（圖十四）等身上，標誌着這種富有創意的覓食互利共生策略，正被小昆蟲們廣為採用。

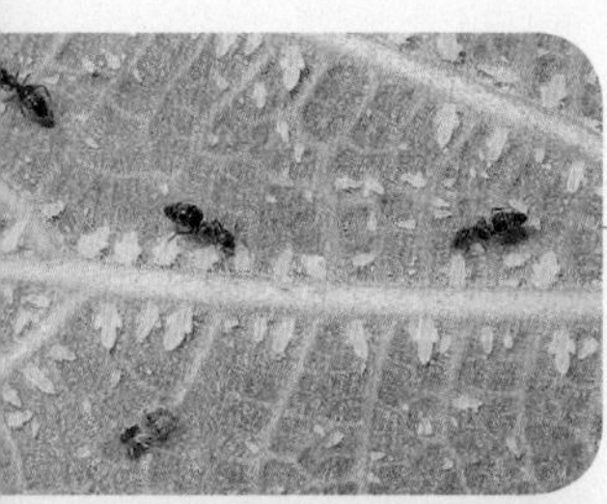

圖十一

榕小頭木蝨（psyllids）幼蟲沿葉脈分佈吸食葉片汁液，小黑蟻亦散處其中舔食蜜露和呵護小木蝨。圖下方深體色的是一隻木蝨成蟲。

圖十二

玉米葉上的稻飛蝨（plant lice）成蟲和若蟲，也是會製造蜜露的一族小昆蟲，細足捷蟻正靜心看護牠們。

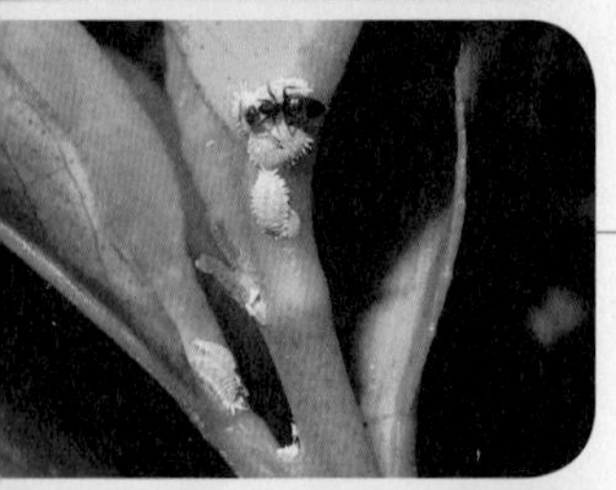

圖十三

粉蚧（mealy bugs）也會分泌蜜露，一隻烏木舉腹蟻正伏在數隻白色有短蠟條的粉蚧蟲身上，全神貫注地呵護牠們。

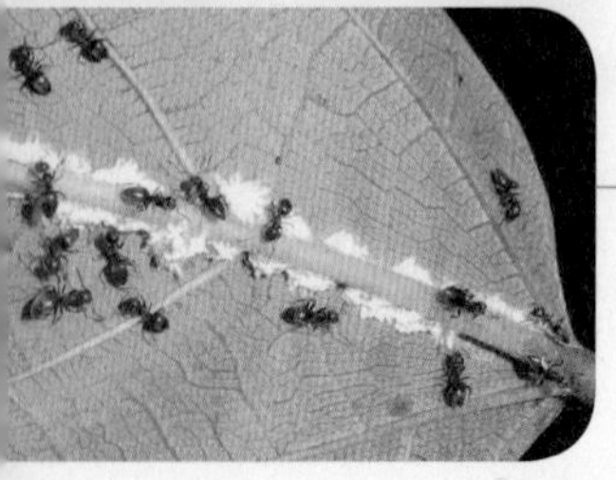

圖十四

身體附有白色蠟條的蚧殼蟲（scale insects）也能分泌蜜露，於是招來不少烏木舉腹蟻，一齊互利共生。

2.4「穿金帶玉」，靠寄生過活

2000 年代在香港大學嘉道理農業研究所工作時，我曾收集小昆蟲來觀察，發現一些特別的現象，例如在台灣相思樹生長的奇蛾科（Immidae）內一品種叫茶雕蛾（學名：*Imma mylias*）的幼蟲，身體某天突然附着二十多粒綠色小物體，像佩戴了晶瑩碧綠的小玉珠（圖一），我於是把牠們留在實驗室觀察。大約在同一時期，我亦發現一條刺蛾幼蟲，牠的背上帶有十多粒金黃色的小珠（圖二）。這種表面看來趣怪的「穿金帶玉，昆蟲也愛靚」的現象，其實背後隱藏了一些昆蟲特別覓食方式的玄機。

圖一

奇蛾科的一種幼蟲，似乎特別貪靚，在顯微鏡下全身滿掛金玉珠粒。留意圓匀的碧玉珠粒堆中，有兩粒是橢圓形和橙紅色，牠們是幼蟲體外的寄生螨。

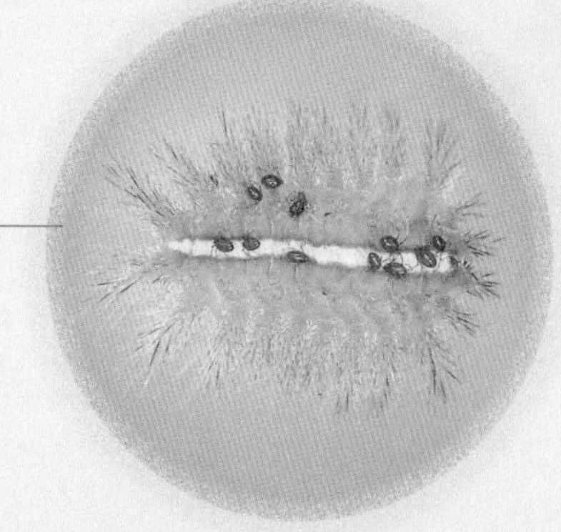

圖二

有毒的黑點扁刺蛾幼蟲身上，同樣戴上奪目的金珠？其實，這也是附在刺蛾幼蟲身上的寄生螨。

在顯微鏡觀察下，刺蛾幼蟲身上的小金珠原來是牠體外的寄生性小蟎。這種寄生蟎的體色主要是金黃色，但間中亦有綠色（圖三）。我們先前曾提及植食性的蟎（即俗稱「紅蜘蛛」）和肉食性的蟎，而現在所談的是體外寄生的小蟎（圖四），牠們靠寄生過活，並善於找小昆蟲和小蜘蛛作寄主。當年在我的隨意檢驗研究中，發現牠們至少有二十多種寄主，包括蛾類幼蟲（例如奇蛾幼蟲，圖一）、螳螂若蟲（圖五）、浮塵子若蟲，和蜘蛛（圖六）等。

這類體外寄生蟎只會攝取寄主適量的營養，不會引致寄主死亡，是相當成功的寄生一族。

圖三

昆蟲的體外寄生蟎，有橙紅色和綠色，成蟲有四對腳，圖中顯微鏡下顯示的全部是若蟎，只有三對腳。

圖四

顯微鏡下的兩隻蟎，寄生在蛾類幼蟲表體，牠們正用口器吮吸幼蟲體液。

圖五

以捕獵著名的螳螂，遇上鮮紅色的寄生蟎也一籌莫展，乖乖地任由牠黏附在身上吸食體汁。

圖六

「手瓜起服」的小蜘蛛，無法驅走兩隻寄生蟎，唯有隨身帶着牠們，苦中尋樂地炫耀牠們的美色。

透過顯微鏡的觀察，在奇蛾幼蟲身上的小玉珠，原來是牠體內的寄生蜂幼蟲，牠們成長後鑽皮而出時，就是我們所見的小碧玉珠（圖一），但那晶瑩的碧綠顏色只維持一天便轉變為黃色（圖七），繼而結褐色蛹（圖八），再羽化為寄生蜂（圖九）。

圖七

在奇蛾幼蟲身上的碧綠小玉珠（參看圖一），是從寄主身體內剛鑽出來的成熟寄生蜂幼蟲，鑽出後不久便變為黃色，準備轉化為蛹。

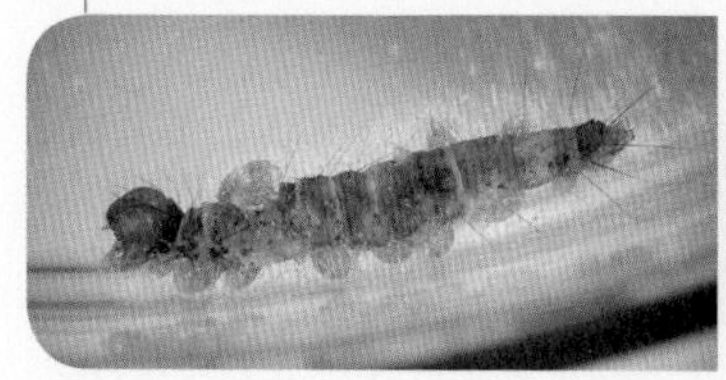

圖八

在奇蛾體表的寄生蜂幼蟲，變為黃色後，再轉化為褐色的蛹。尾部粒狀的灰黑色物體是幼蟲變蛹前排出的糞便。

圖九

寄生蜂褐色的蛹，最終羽化為未鑒定的小寄生蜂（顯微鏡下從腹面看）。

靠寄生過活的小昆蟲，主要包括寄生蜂和寄生蠅。牠們將卵產放在寄主（被害的蟲）身上，幼蟲孵化時便吸吮寄主體內組織的液體，影響寄主生長（圖十），但不會讓寄主立刻死亡，直到自己成熟，脫離正在乾枯的寄主之後（圖十一），才化蛹再羽化而變成蟲（圖十二）。

圖十

兩條同齡的斜紋夜蛾幼蟲，正常生長的（左方）和受寄生蜂侵害過的（右方），體型大小相差甚遠。寄生蜂幼蟲已成長及鑽出夜蛾幼蟲體外變成圓柱狀的褐蛹，附在受害夜蛾幼蟲的尾部。

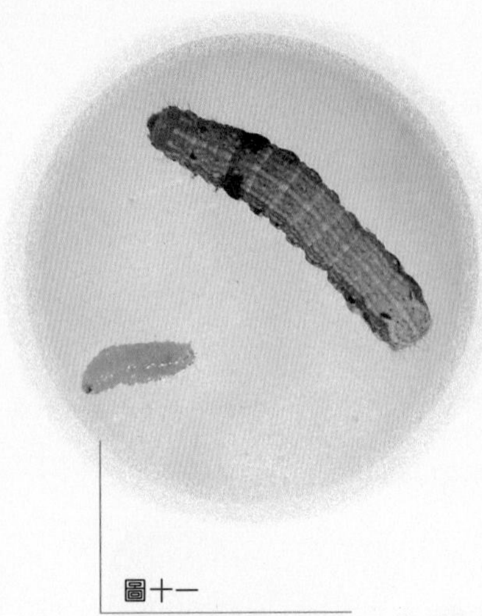

圖十一

寄生蜂幼蟲成長後，鑽出斜紋夜蛾幼蟲的體外，正尋覓適當地點來變蛹。

圖十二

已死的斜紋夜蛾盾臉姬蜂（圖上方），與牠早前鑽出來的空蛹殼（圖左方），和已被吸枯了的寄主斜紋夜蛾幼蟲（圖下方），一目瞭然地以供比較。

最常見的一類寄生昆蟲是寄生蜂，牠們屬膜翅目，有兩對薄而透明的翅膀。成員多來自金小蜂科、姬蜂科、小蜂科等。寄生對象包括鱗翅目、螳螂目、半翅目（蝽象類）、雙翅目（蠅類）、鞘翅目（甲蟲類），和同翅目（蚜蟲類）等昆蟲。寄生形式包括：

（1）產卵於被寄生昆蟲的卵中，如平腹小蜂（圖十三）、赤眼蜂；

（2）產卵於被寄生昆蟲的幼蟲或若蟲體內，如斜紋夜蛾盾臉姬蜂（圖十二）、刺蛾姬蜂（圖十四）和麗蚜小蜂（圖十五）；

（3）產卵於被寄生昆蟲的蛹體內，尤其是蛾蝶類的蛹，例如金小蜂（圖十六）、廣大腿小蜂（圖十七）和食蚜蠅姬蜂；

（4）產卵於成蟲體內，例如蚜繭蜂（圖十八）等。

圖十三

平腹小蜂也產卵於毛螳的螵蛸內，幼蟲孵化後取食螳螂的卵粒，在螵蛸內成長、變蛹、咬穿螵蛸而羽化成寄生蜂，留下孔洞出口的印記（圖下方）。

圖十四

一種姬蜂寄生於蓮霧刺蛾幼蟲體內，成長後鑽皮而出，在寄主身體上化為蓋有白絨毛的蛹，再羽化成姬蜂。

圖十五

在顯微鏡下，寄生於煙粉蝨若蟲體內的麗蚜小蜂的蜂蛹已成長就緒，小蜂的頭、胸、腹外貌隱約可見。

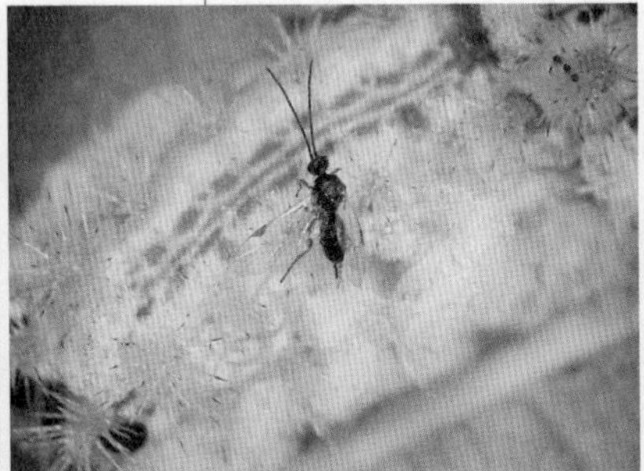

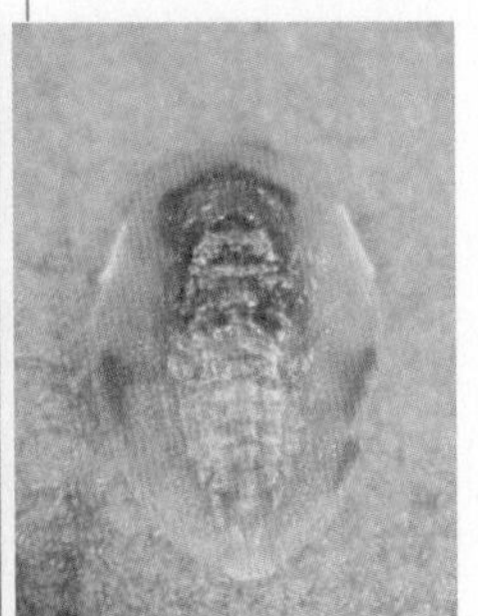

圖十六

蛾蝶的蛹也是昆蟲寄生的對象，圖中的鳳蝶蛹早前已被寄生蜂侵襲，成熟羽化的金小蜂陸續從咬破的洞口鑽出來，其中兩隻還在洞口旁邊眷戀不去。

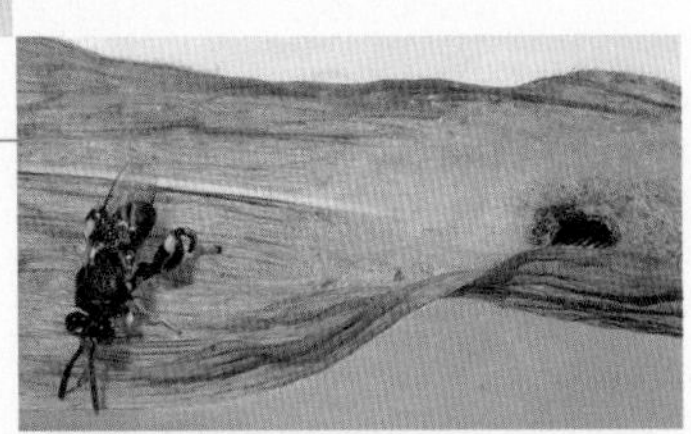

圖十七

一隻廣大腿小蜂剛從寄主蛾蛹（深褐色）和包着蛹的絲繭鑽洞羽化出來。

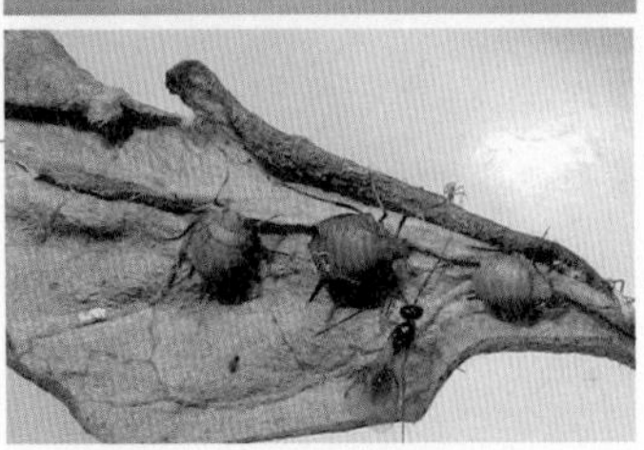

圖十八

蚜繭蜂（右下方）是蚜蟲的寄生蜂，雌蜂產卵於蚜蟲體內後，吸食寄主身體組織，引致寄主身體膨脹、僵化（圖中三隻金褐色的「木乃伊」），及死亡，蚜繭蜂隨後羽化而出。

寄生蠅的習性，大部分與寄生蜂相同，通常產卵於寄主的幼蟲和蛹的階段，成熟的幼蟲會鑽出寄主表體，在外面結蛹後羽化為成蟲。寄主多是蛾蝶類（圖十九、二十），也包括甲蟲（圖二十一）。

寄生蜂適應力相當強，能夠在短時間內消滅被寄生的昆蟲，所以很多種類都是益蟲，尤其在農業方面，一些寄生蜂是專門用來對付蝽象（如平腹小蜂控制荔枝蝽象（圖二十二））和白粉蝨（如麗蚜小蜂控制溫室白粉蝨和煙粉蝨）等害蟲。而另一些品種則自然寄生於家居的蟑螂害蟲（如旗腹姬蜂控制美洲大蠊和澳洲大蠊）等。

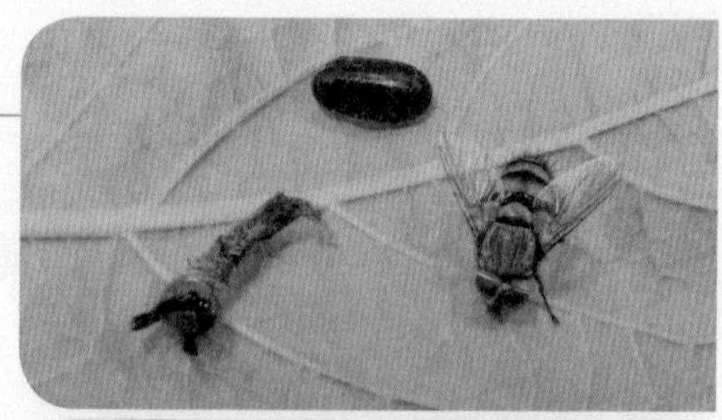

圖十九

在蝶類幼蟲寄生的寄生蠅，成長後會鑽穿寄主體表而出、變蛹（圖上方），再羽化為寄生蠅（圖右下）。

圖二十

寄生於黃帶藍尺蛾幼蟲的寄生蠅，幼蟲在寄主成熟，但尚未死時，鑽出體外化成蛹，等後再羽化為寄生蠅。

圖二十一

寄生蠅也侵襲甲蟲成蟲，先前從甲蟲金龜子鑽出來的蠅蛆，已經過蛹階段（圖右下方為剩下的空蛹殼）。圖右上方是八隻已經羽化的寄生蠅。

對都市人來説，透過這些「穿金戴玉」的趣怪昆蟲，會更易引起我們對小昆蟲的興趣、認識和了解。牠們因面對大自然「適者生存」的競爭定律，長時間不斷探索求生的新機遇，成功演化出一種別樹一幟的寄生模式。這種細小寄生蜂的特色，與其他寄生動物不同之處，是牠們會導致寄主在短時間死亡，而這種致命的寄生模式，在自然界的生態平衡和人為的生物防治方面，都扮演着一個非常重要的角色。

圖二十二

昆蟲學家在實驗室培育出大批在蛾類卵粒內未孵出的平腹小蜂，黏在卡紙上，再掛在果樹間，讓小蜂逐步孵化，找尋荔枝蝽象的卵來寄生，有效防治這種蝽象害蟲。

2.5 精靈的寄生蜂——蚜小蜂

在這兩年多的觀察，發現夾竹桃蚜遇上一些天敵如食蚜蠅、瓢蟲和褐蛉的幼蟲移近時，會搖身踢足，想嚇退敵人，但其實完全無效。反而這一套卻敵行為，用來對付寄生性的蚜小蜂（學名：*Aphelinus sp.*），卻有不錯的成效。因為夾竹桃蚜的腳長而蚜小蜂的體型細小，因此用腳踢方式來抗拒迷你型的小蜂移近，會不時奏效，但蚜小蜂的活力和耐力很強，若試圖在一隻夾竹桃蚜身上產卵不成功，牠會向鄰近的蚜蟲再三嘗試，通常試探三、四次後，已能成功把產卵管插入一隻蚜蟲身體產卵了。

蚜小蜂找尋夾竹桃蚜產卵的過程相當有趣。首先，精靈的小蜂在蚜羣內外穿插走動以探察情況（圖一），兩條觸角會頻頻移動以接收信息，甚或敲打蚜蟲身體來選取適當的寄主。選好對象後，小蜂會作 180 度大轉彎，以腹端對向蚜蟲，然後把身體移近目標，白色半透明如劍狀的產卵管（約有體長的一半）開始從尾端伸出，與此同時約等於翅長三分之一的翅膀後部，會向上和向自己頭部摺起，以方便產卵管（圖二）指向蚜蟲身體，直至插入其身體產卵為止。產卵管插入的位置可以是蚜蟲身體的中部（圖二）、頭部（圖三）、尾部（圖四），或任何部位。蚜小蜂雖然成功把產卵管插入蚜蟲體內，但一些蚜蟲仍會大力搖身踢腳反抗，有時還能成功脱身，小蜂的產卵管亦會適應地跟着蚜蟲身體移動，同樣也常常能成功保持產卵管插入蚜蟲體內，完成產卵任務。

圖一

蚜小蜂是產卵在蚜蟲體內的迷你型寄生蜂。在顯微鏡下，精靈的牠（圖中央，黑褐色）正在夾竹桃蚜羣中仔細物色產卵對象。

圖二

蚜小蜂在物色到產卵對象後，用後退方式移近，尾端伸出白色半透明的劍狀產卵管指向蚜蟲身體，與此同時翅膀尾部的三分之一會摺向頭部方向，以讓路給產卵管刺向寄主。

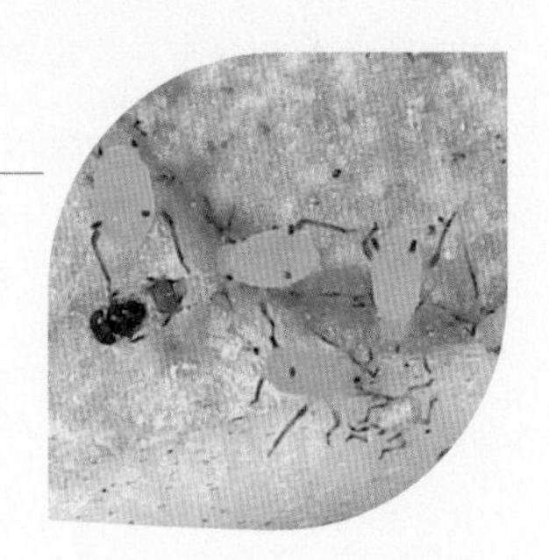

圖三

蚜小蜂產卵管插入的位置可以是蚜蟲身體的任何部位。這圖片顯示是從頭部插入。

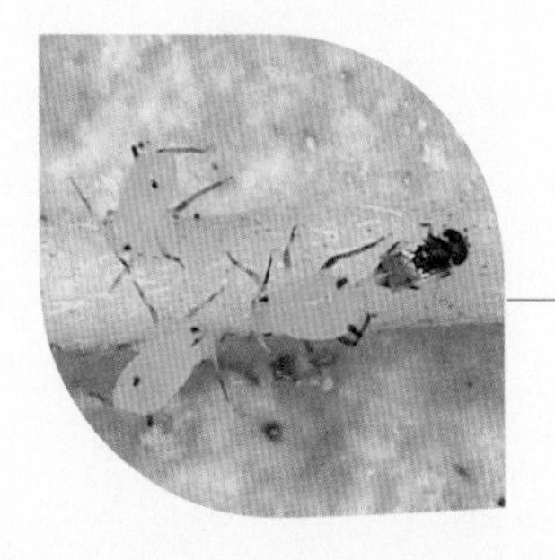

圖四

這圖片顯示蚜小蜂產卵管插入蚜蟲身體的尾部位置。

在顯微鏡下，有一個怪現象會隨時出現，就是蚜小蜂產了一輪卵後，會回頭走入蚜蟲羣中選擇個別蚜蟲，這次不再用產卵管攻擊，反而用自己的頭部依偎着蚜蟲身體（頭、胸、腹的位置也有，見圖五至七）一段時間，十分溫馨，好像要用美言安慰及感謝這些受傷者。我心想：難得小蜂擁有這些感恩美德。在好奇心驅使下，我再透過顯微鏡多次小心觀察，發現蚜小蜂是在吸食蚜蟲從傷口流出的體液，原來這些體液和蚜蟲分泌的蜜露，以及植物的花蜜，都是蚜小蜂成蟲賴以為生的食糧，這與一些有關文獻的報導吻合。

寄生在夾竹桃蚜的蚜小蜂成蟲，體長小於 1 毫米，肉眼僅可見，以上的故事主要透過顯微鏡觀察所得。我自從 2015 年成功連貫性培養夾竹桃蚜的兩三年內，見過蚜小蜂出現三次（2016 年 5 月和 10 月，及 2017 年 4 月）。據知，由於體型細小和不常見，昆蟲學家對蚜小蜂的研究不多，有關的分類及鑒定也不易。漁護署昆蟲學家劉紹基先生從我拍攝的相片推斷，認為這個品種可能是褐柄蚜小蜂（學名：*Aphelinus chaonis*），而這個品種的中文學名也只不過是最近幾年才由國內昆蟲學家擬定的。此外，原來有一個蚜小蜂品種是在香港第一次發現的，故被命名為「香港蚜小蜂」（學名：*Aphelinus hongkongensis*）。香港生物之多樣化和昆蟲世界之大，由此可見一斑！

圖五

產卵完畢後，蚜小蜂會自動再接近蚜蟲，用頭部依偎牠，好像親切地感謝蚜蟲的慷慨。原來蚜小蜂是吮吸蚜蟲傷口滲出來的體液。

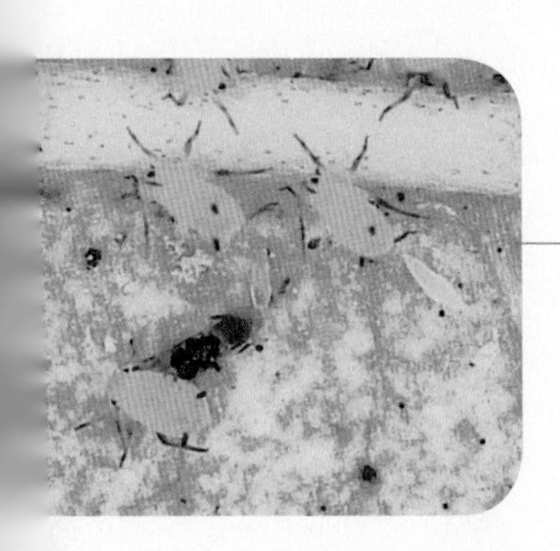

圖六

蚜小蜂用頭部依偎蚜蟲的位置各有不同，視乎產卵管之前所造成的傷口在哪裏，圖五是在頭部，這圖是在腹部中間。

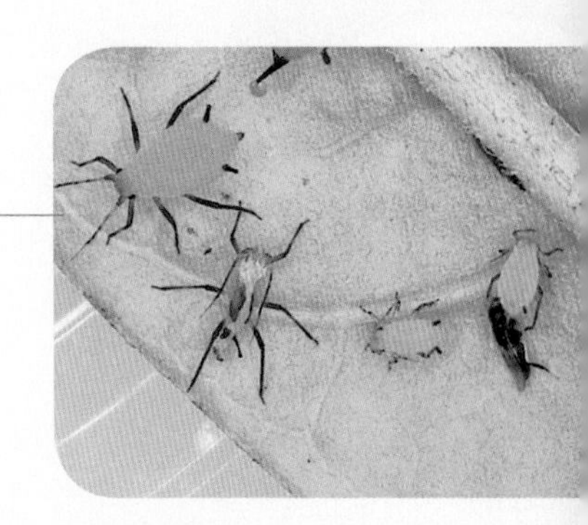

圖七

蚜小蜂用頭部依偎蚜蟲的位置是近尾部，因為產卵管之前在近尾部插入。

II 居者有其屋

人類社會，尤其是華人社會，常掛在口邊有關日常生活必需的項目，就是「衣、食、住、行」。自古以來，衣着是我們傳統社會最注重的一項。俗語有云：「先敬羅衣後敬人」，但受到時代變遷和環境因素影響，這幾項的先後次序亦起了變化。

舉例來說，在地少人多的香港，我們最迫切關心的是「住」的問題。小生物如細小昆蟲，對居住的基本需求可以很簡單，也可以很複雜。這一節就會介紹小蟲蟲在「住」這方面的適應力和令人眼界大開的創意。

小蟲蟲的居住方式，可以（1）漫不經心地採取「四海為家，居無定所」方法，例如藏匿在植物的葉片下或枝葉間，以躲避風吹日曬或雨淋之苦；（2）利用自己的排泄物作為藏身之所；（3）就地取材，把日常的食物如葉片裁剪捲疊，再利用自己吐出的絲條來扎結成葉包或捲巢；（4）在植物寄主組織內挖掘隧道，邊吃邊建造管道巢穴；（5）索性鑽入營養豐富的寄主植物的果實，一舉兩得地坐擁供應充裕的糧食和不受外間干擾的大宅；（6）不費吹灰之力，利用自己的分泌物來刺激寄主組織增生，以築成安全而富有藝術感的蟲癭；（7）利用樹皮和木料磨咬成木漿來建造蜂巢；（8）利用水和泥混和成漿來建造泥巢；（9）還有用各類碎屑以吐絲連結而建成可移動的袋形避敵行宮，例如避債蛾幼蟲。

透過以上輕描淡寫的方法，小蟲蟲易如反掌般就解決了相對長時期困擾都會人口的居住問題！

2.6 居無定所

假設我們居住於洪荒年代，我們出生時自然沒有家園。同樣地，不少昆蟲或小動物也沒有居住之所，成蟲就靠着牠們的翅膀和足肢，到處闖蕩，隨遇而安地找尋最簡單和最原始的遮蔽之所，那就是植物的枝葉，尤其是葉片底部。不少昆蟲如蛾類、蠅類等，會短暫停留或棲息於植物的葉底或葉柄，以及矮樹叢中，以這方式作為掩護和避過風吹、日曬、雨淋之苦。這種情景與我們人類窮困時「只求片瓦」的環境有幾分相似。

以下是一些常見的居無定所例子。蛾類以樹葉遮蔽自己的例子很普遍，但因為牠們大多數是夜行性、通常個子小，及匿藏在樹叢深處，所以我們戶外活動時很少見到。反而較易

圖一

豹尺蛾是白天活動的蛾類，懂得伏在葉片下找尋簡單的庇蔭。

圖二

豹尺蛾要求不高，就算葉子未能遮蓋全身，也感到滿足。

見到一些日行品種，如豹尺蛾（False Tiger Moth）（圖一、二）。夜行性品種，如長尾水清蛾（Moon Moth，又名綠尾大蠶蛾）白天便伏匿不動，但清早時分，間中也會遇到牠們（圖三、四）。廣翅蠟蟬（planthopper）最懂得利用枝葉遮掩，常見牠們躲在葉片下（圖五），而牠們的若蟲也懂得匿藏於捲葉中（圖六）找庇蔭。

此外，螳螂若蟲（圖七）以及蠅類成蟲（圖八）也懂得藏匿在葉片下採取庇護。黑帶食蚜蠅更會躲藏在葉叢底部借宿，可惜大雨來臨時也難逃被淹斃的厄運（圖九）。

圖三

夜行性的長尾水清蛾，白天自然盡量找庇護。

圖四

遇到良好的天氣，長尾水清蛾也懂得多爭取一點陽光的溫暖。

圖五

廣翅蠟蟬最懂得利用葉片作為簡單的居所。

圖六

廣翅蠟蟬幼蟲會利用捲曲葉片作為避雨勝地。

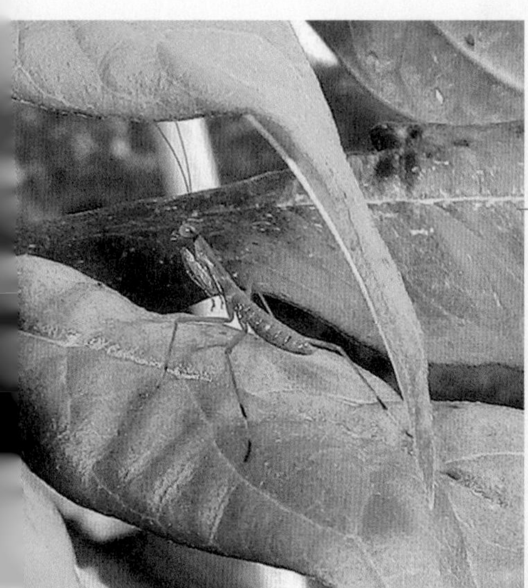

圖七

廣斧螳的若蟲利用上下兩片樹葉作為簡單的居所，已心滿意足。

圖八

大頭金蠅伏在葉片下，既能藏身，亦可同時攝取太陽的熱能，不亦樂乎。

圖九

黑帶食蚜蠅很聰明地藏身於草莖叢的底部，應該安全和隱蔽，可惜暴雨無情，把牠溺斃。

以上描述的原始居住方法，雖然仍被很多要求不高、適應環境力強的昆蟲採用，但畢竟這種居住方法缺點很多，對昆蟲的保護明顯不足，不同品種的昆蟲於是好像各出奇謀般，演化出五花八門的創意方式，解決牠們的居住問題。

2.7 泡沫築成的水立方

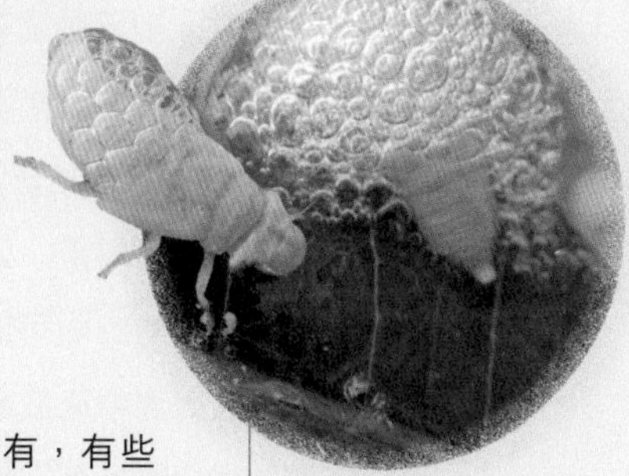

小昆蟲賴以藏身的方式真是無奇不有，有些品種居然可以不假外求，用自己製造的泡沫覆蓋全身，甚至可以遮蓋其他小兄弟姊妹（圖一、二）。這些簡單而具創意的藏身之所，是由一些沫蟬若蟲尾部製造的泡沫堆砌而成的。這些數以百計帶有韌性的小泡沫聚集而成的帳幕或巢穴，形狀很像 2008 年北京奧運的水立方運動場（圖三），看來人類的建築創意與蟲蟲的思維有異曲同工之妙。

圖一

貌似水立方的泡沫巢穴，可以容納多於一條沫蟬若蟲。

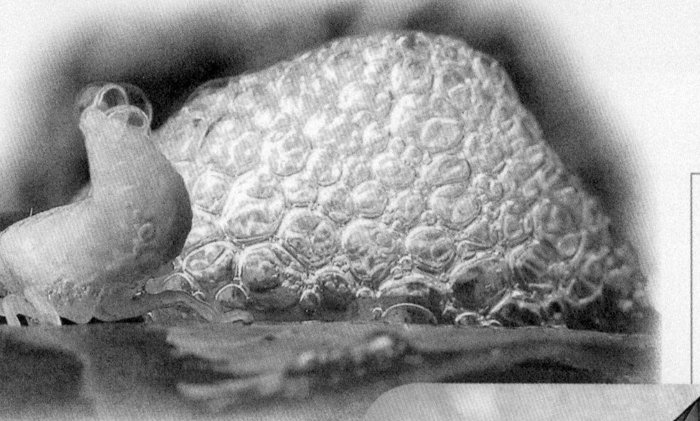

圖二

一隻小無脊沫蟬若蟲豎起尾部，正在製造泡沫。後面就是用這些泡沫砌成、貌似「水立方」的泡沫巢穴。

圖三

2008 年在北京建成美侖美奐的水立方運動場館，結構和形象與沫蟬的泡沫很相似。

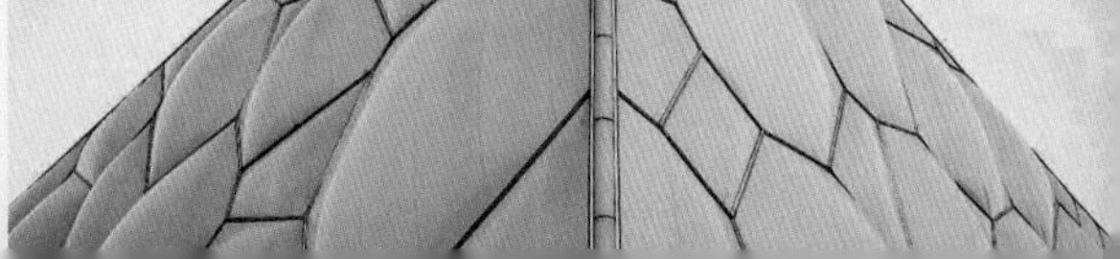

小無瘠沫蟬（學名：*Ptyelinellus praefractus*）是沫蟬（Spittle Bugs）的一種。牠們的若蟲將刺針式的口器插進植物導管中，吸取營養，將多餘的水分及排泄物混和自己身體腹端腺體分泌的黏液及空氣，透過泡沫的形式排出體外（圖一）。這些含有黏性的泡沫，不易破滅或被風雨驅走，因此具有防曬、保溫和躲避天敵的作用。還有，它們之間的空隙可讓空氣流通無阻。就這樣，沫蟬若蟲聰明地利用自己的代謝物來庇蔭身體，到若蟲成長羽化為成蟲時，就算泡沫築成的巢穴開始乾涸也不成問題了（圖四、五）。

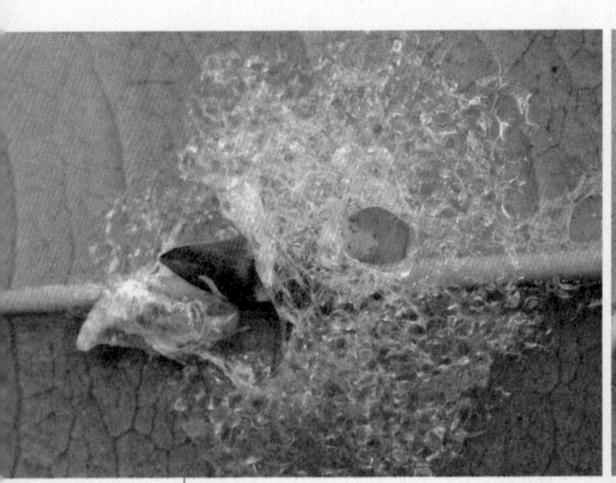

圖四

一隻小無瘠沫蟬若蟲剛蛻變為成蟲沫蟬，泡沫巢穴雖然開始乾涸，但已完成它保護若蟲的任務。

圖五

一隻剛蛻變為成蟲的小無瘠沫蟬（下方），與另一隻沫蟬若蟲排排站在一起，似乎在依依不捨地道別。

圖六

剛蛻變為成蟲的小無瘠沫蟬站在葉面，似乎要先看清楚牠將要闖蕩的新世界才出發。留意牠的頭部像不像青蛙？

沫蟬科的若蟲常於野外的草莖或細樹的植物寄主的枝葉上，排出一小團白色泡沫，驟看像是有人吐口水（圖七），而成蟲外形又像小型的蟬，所以通稱為「沫蟬」。由於牠們身型較小（體長約 6-10 毫米），後足強而有力和善於跳躍，加以樣子似青蛙（圖六），所以又叫蛙蟬（Froghoppers）。在香港，較常見的沫蟬有東方麗沫蟬（Common Froghopper）（圖八、九）。

圖八

東方麗沫蟬是香港較常見的沫蟬。

圖九

東方麗沫蟬展翅時的趣怪模樣，像戴上黑帽的紳士。

圖七

誰人吐的口水？沫蟬科的若蟲常於野外的植物寄主枝葉上，排出一小團白色泡沫，驟看像是有人吐口水般。

2.8 就地取材的藏身所

許多昆蟲都以植物寄主的葉片或汁液為食糧，而不少這類品種的昆蟲，又能因利乘便地選用了牠們的食糧——葉子——作為築構居所的建材。透過簡單、乖巧和節省精力的方法，來解決牠們的居住問題。採用葉片作為居住建材的小昆蟲，包括榕薊馬、各類捲葉蛾幼蟲、和一些蝶類幼蟲。

榕薊馬可說是最能善用葉片築巢的昆蟲之一。牠們在葉面上咬食葉片組織時，讓口液中含有刺激性的物質滲入葉細胞，引發細胞不正常反應，令葉子左右的兩半邊慢慢捲向正中的葉脈，當兩方葉邊捲盡而互相接觸時，一隻像賀年油角的葉包便形成了（圖一），而在這「油角」形葉包內的空間，就成為薊馬的巢穴，足夠提供相當大的居住環境，給薊馬羣包括成蟲、若蟲和卵子在裏面舒適過活，不愁風吹、雨打、日曬之苦。

圖一

榕薊馬利用口液中含有的刺激素使健康的葉片（圖右方）捲曲成「油角」般的葉包（圖左方），作為牠們羣體的居所。

圖二

把葉包巢穴打開，不難見到藏匿在內的榕薊馬成蟲（黑色）和若蟲（淺黃色）。

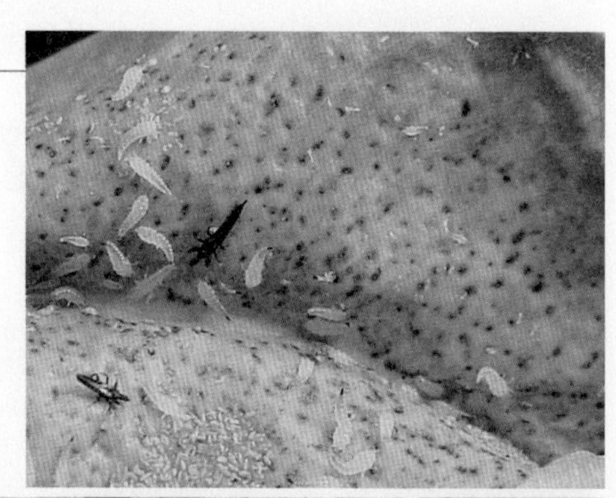

圖三

在顯微鏡下的薊馬成蟲相當活躍，原來雄蟲會在雌蟲兩側表演舞蹈以爭取牠的歡心。

圖四
只需把一部分柑桔葉捲摺起來已夠普褐帶卷蛾幼蟲在內生活、成長、變蛹（圖右下是蛹的空殼），再羽化為蛾（圖中央是羽化不久的雄蛾）。

另一種以葉築巢的方法，就是把葉片捲摺起來，複雜程度因品種而異。最簡單的方法就是把小部分葉邊摺疊，讓幼蟲藏匿當中生活、成長、變蛹和羽化成蟲。普褐帶卷蛾（圖四）就是一個好例子。

另一種較為繁複的捲葉為巢方法，廣為蛾蝶類使用，就是把寄主植物的葉片，透過幼蟲的咬切及吐絲連結方法，築構成五花八門的葉卷，幼蟲就把自己放在其中。這種葉卷因為捲曲多次，保護性也較強，卷葉蛾科（Tortricidae）的幼蟲最普遍採用。香港常見的品種有多食性的棉褢葉野螟（又名「棉卷葉野螟」）（學名：*Haritalodes derogata*）（圖五至七），幼蟲為害多種作物，以錦葵科植物為主，如秋葵、大紅花、棉花等。

圖五

棉裹葉野螟幼蟲在秋葵葉築成的葉卷巢穴內，圖左方可見到幼蟲先前割開葉片的切口。

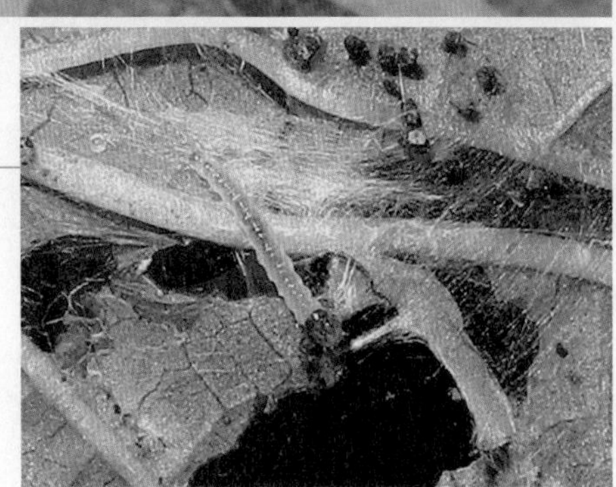

圖六

葉卷巢穴被拆開後，棉裹葉野螟幼蟲亮相，牠用來織葉巢的許多絲條及牠的粒狀糞便也顯示出來。

圖七

棉裹葉野螟成蟲。兩翅展開時約長 20 毫米。

同樣用捲葉方式造巢的還有常見的黃斑蕉弄蝶（Banana Skipper）（學名：*Erionota torus*），牠的成長幼蟲體型比卷葉蛾大很多，所以建成的葉卷巢也大得多，從遠處望都可見到牠們懸吊在蕉葉下的情景（圖八）。圖九至十五就描述了這個品種築葉卷巢和生活的概況。

圖八

在郊野或山邊蕉樹上常見大塊葉被割去而又懸掛了一些條狀大型葉卷，原來是黃斑蕉弄蝶幼蟲所築構的巢穴。

圖九

初齡的黃斑蕉弄蝶幼蟲開始築構卷狀巢穴的情況。圖中共有七個大小不同的葉卷，左邊兩個清楚顯示葉緣位置已被切割來造葉卷。

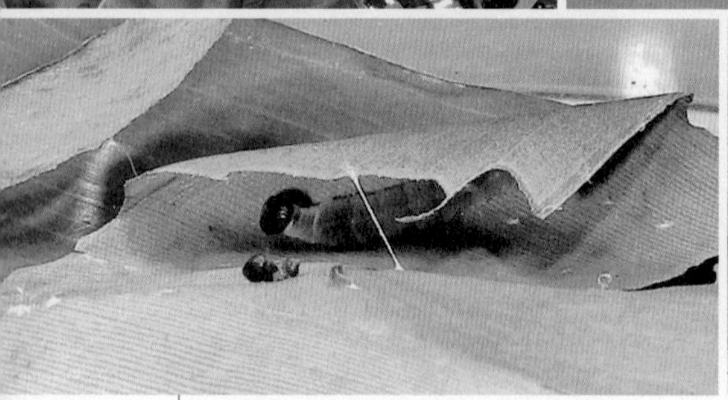

圖十二

蕉黃斑弄蝶幼蟲切割葉片後，用牠口吐的絲條來回紡織多次以拉合兩方面的葉面，再在適當位置重複紡織才能建成卷狀巢穴。從圖中可見，幼蟲吐絲紡織而成的絲柱發揮固定作用。

圖十三

黃斑蕉弄蝶老齡幼蟲的可愛樣貌，圖中右下角可見幼蟲吐絲紡織而成的絲柱。

圖十

兩條黃斑蕉弄蝶幼蟲從不同位置，相向地築構卷狀巢穴，結果兩巢相遇。右邊的較大，從圖中可見幼蟲的頭部和前身。

圖十一

把兩條葉卷巢穴其中一條拆開，黑頭白身的黃斑蕉弄蝶幼蟲即時現身，牠身體軟綿綿滿佈白粉，十分趣怪。巢中亦見有粒狀糞便，顯示幼蟲日常所需全部都在葉卷內進行。

圖十四

黃斑蕉弄蝶就快羽化的蛹，隱約可見成蟲的觸角、口器和翅膀（圖左方）。

圖十五

黃斑蕉弄蝶成蟲，具有可愛的黑點紅色圓眼，觸角是弄蝶類典型的鈎狀。

利用寄主葉片築巢而又帶出趣味和藝術效果的昆蟲，以半黃綠弄蝶為表表者（圖十六）。牠的幼蟲（圖十七）能用口器咬割清風藤的葉片，再用絲線把左右兩方連結在一起，簡單地築成一個盒子狀的巢室。牠還會在盒子巢室壁上咬食小片樹葉，造成幾個像天窗的洞（圖十八）。不知是否「人蟲所見略同」，這些盒巢與我們人類運用貨櫃箱改裝成辦公室或居所的方法，有異曲同工之妙！

總括來說，一些昆蟲的幼蟲懂得把寄主的葉片，透過口液的刺激或用咬切及吐絲連結方法，築構成各式各樣的葉包和葉卷型巢穴，把自己藏在其中。如此一來，既能受到這簡單建成的居所庇護，同時又能足不出戶在巢裏隨時享受飽餐一頓的樂趣。這種一石二鳥解決食、住問題的妙着，不能不令我們人類佩服！

圖十六
半黃綠弄蝶。

圖十七
初齡的半黃綠弄蝶幼蟲，在清風藤葉片上建造的盒狀巢室。

圖十八
半黃綠弄蝶幼蟲的盒狀巢室，還配上幾個天窗，樣子可愛！

2.9 羣策羣力織葉巢

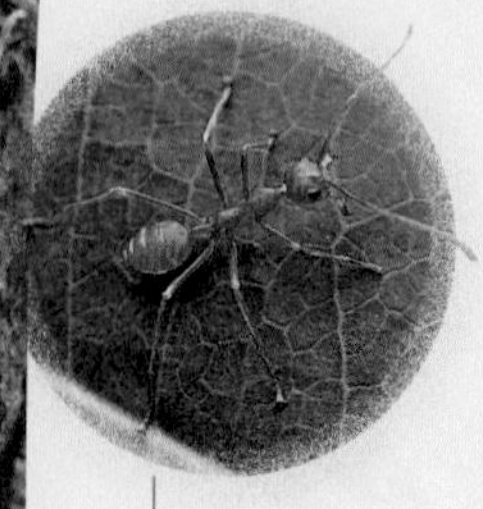

圖一

黃猄蟻的工蟻，身體銹紅色，有靈活鋒利的上顎（見圖中），具攻擊性。

就地取材，用自己的食物——葉片——築構成葉卷作為居所的一些昆蟲，上一節已介紹過。在這裏讓我們談談懂得利用掛在樹上的葉片，來織成球形葉巢的織葉蟻——黃猄蟻（Weaver Ant）。

黃猄蟻又名「紅樹蟻」(Red Tree Ant)（學名：*Oecophylla smaragdina*），樹棲。工蟻體長約 10 毫米，橙紅色（圖一）；雌蟻體長 15-18 毫米，青黃色（圖二），是社會性昆蟲。牠們食性雜，除捕食其他昆蟲外（圖三、四），還吸食蚜蟲分泌的蜜露。牠們團隊精神很強，以相互合作著稱。

圖二

有翅雌蟻體積比工蟻大許多，體青黃色，交尾後會脫翅，成為新羣組的蟻后。

圖三

工蟻捕食其他昆蟲時，發揮團隊精神，分工合作地準備把一隻履綿蚧（Giant Scale，一種香港常見、較大型的蚧殼蟲）搬回蟻巢。

圖四

幾隻黃猄蟻工蟻正圍捕一條尺蛾幼蟲，留意牠們取位精細，顯現井井有條的團隊合作精神。

牠們織巢過程很獨特，在選好築巢地點後，工蟻就把身體伸展在樹枝或葉片上（圖五），然後收縮身體拉緊枝葉。若果枝葉間相距太遠，牠們就各自以身體上下連接，搭成一條蟻橋（圖六），一齊用力把相鄰的枝葉拉近。在旁的工蟻會用口含着一些適齡幼蟲在葉縫或枝條間穿梭，其間幼蟲被催促吐絲，把兩邊的葉片或枝葉黏結一起，隨後再重複黏結其他葉片而成巢（圖七）。蟻巢一般為圓球型（圖八），較大的蟻巢約 70 厘米。通常一羣黃猄蟻在同一樹上可建幾個巢。

圖五

在選好築巢地點後，工蟻就把身體伸展在樹枝或葉片上，然後收縮身體拉近葉子或枝葉間的距離。

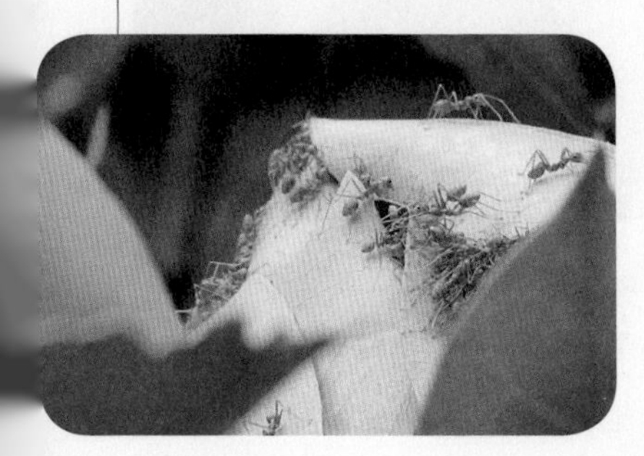

圖六

當葉與葉間的距離太遠，工蟻們便各自以身體上下連接，搭成一條蟻橋，用力把兩片葉子拉近，再用吐絲連結起來。

圖七

快將完成的葉巢，以幼蟲吐絲而把葉片黏結一起的白色帶清晰可見。

圖八

完成的葉巢，外面可清楚見到個別葉片通過幼蟲吐絲而連合成巢的結構。巢外還有工蟻分散看守，組織嚴謹。

在織巢過程中，黃猄蟻雖然動員數以千計的工蟻，但工作起來卻分工合作，有條不紊，好像有隱形總司令在指揮。這種團隊精神，令我們佩服之餘，亦不禁思索牠們如何能這般聰明和有效率地建巢起屋來處理居住問題？人類社會有沒有可借鏡的地方？

黃猄蟻棲息於氣候溫暖的地帶。除香港外，還分佈於中國廣東、廣西、海南、雲南，以及東南亞、印度、澳洲等地。

2.10 慳水慳力的創意居所

前文說到，一些小昆蟲懂得利用牠們日常食物，亦即是葉片，以簡單方法把葉子轉變成葉包和葉卷，作為巢穴供族羣或自己居住。其實，另一些昆蟲則把相類的構思更進一步發揮，用簡單的方法，慳水慳力地創造食住無憂的居所。例如，幼蟲以口液刺激葉片增生為蟲癭，甚或直接蛀入果實，把它改變為食住無憂的大宅。

慳水慳力的藝術屋

一些聰明的昆蟲在葉片上產卵，幼蟲孵出後咬食樹葉時，將含有毒素的口液同時注入葉片，透過植物的自衛反應，刺激組織增生，受影響的葉部位置於是腫脹起來，以避免毒素在葉片擴散。由於受影響的組織繼續反應增生，最終包圍幼蟲，而各種小別墅型的蟲癭（insect galls）便因而形成。昆蟲的幼蟲於是舒適地活在其中，成長、變蛹以至羽化為成蟲。這些建設幾乎不費吹灰之力而興建，難得的是它們還富有藝術色彩，有些基本像圓球形（圖一），但有時

圖一

在山邊或郊區，有時我們會遇上一些在樹葉上有趣的小型附生物體，形如圓球，它就是小昆蟲略施小計，刺激葉片組織增生而建成的寶寶育嬰室——蟲癭。

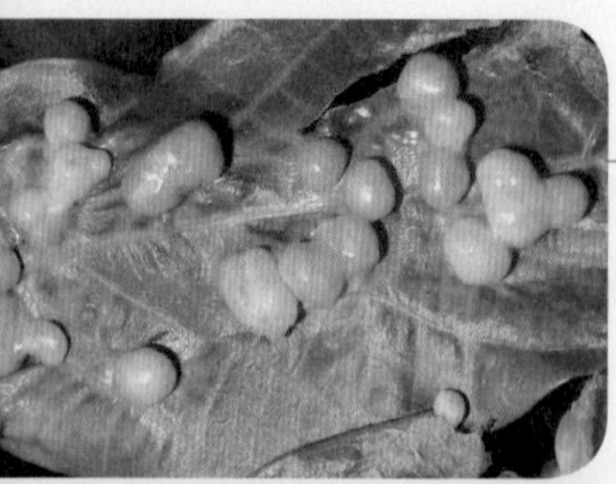

圖二

青果榕樹葉上的小型增生物體，形如圓球的蟲癭，有時兩、三個隔鄰的個體結合，變化成各種趣怪形狀，例如米奇老鼠（圖右方）。

圖三

這些圓球形的蟲癭，隨着在內的幼蟲成長、變蛹、羽化為成蟲時便會裂開，讓成蟲走出來。裂開的蟲癭看似綠色的小花朵，別具一番風味。圖右上方是三合一的米奇老鼠形蟲癭。

兩、三個隔鄰的圓球個體結合而變化成趣怪卡通形的建造如米奇老鼠形（圖二、三）。

特別的是，不同品種的昆蟲只會在牠們情有獨鍾的寄主葉片上，建造牠們族羣獨特的蟲癭藝術屋。例如，剛才所說的圓球形蟲癭，是由青果榕小木蝨（學名：*Paurosylla udei*）（圖四）所造成，而牠們只在青果榕樹葉（Common Red Stem Fig）上建造這些藝術屋。

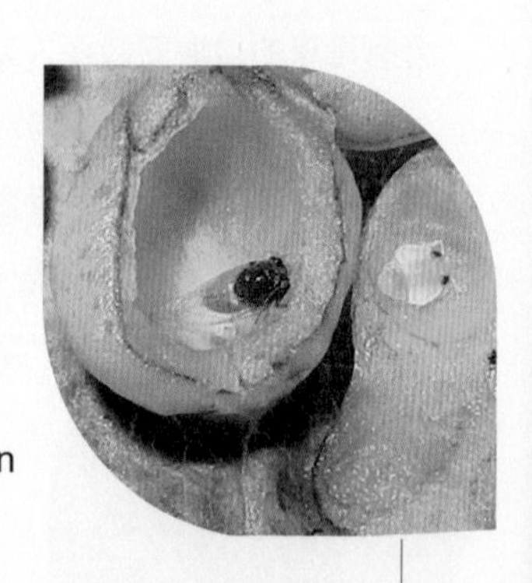

圖四

圓球形的蟲癭被切開後，可見內裏幼嫩的葉壁組織，及在不同階段蟲癭內的青果榕小木蝨幼蟲（圖右方）和成蟲（圖左方），後者正等待蟲癭裂開時隨時飛走。

此外，我們郊遊時會遇上一些在樹葉上附着有趣的葫蘆形藝術物體（圖五、七），它們就是由龍眼葉癭蚊所引發而成的蟲癭。這種葫蘆形蟲癭的形成過程，就如青果榕小木蝨一樣，以幼蟲口液中的毒素刺激葉片組織增生而成（圖六），不同的就是，植物寄主是龍眼樹葉，而造癭的昆蟲是龍眼葉癭蚊（學名：*Aspondylia sp.*）。

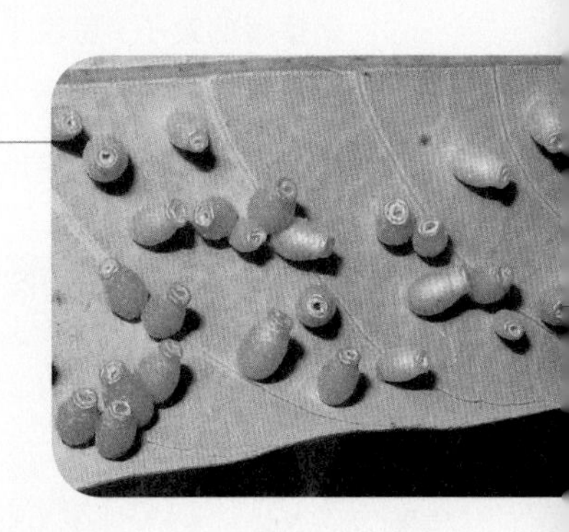

圖五

在龍眼葉下出現的迷你型像陶瓷的藝術製品，似葫蘆也似保齡球瓶，其實是癭蚊幼蟲的癭巢，早期以綠色為主。

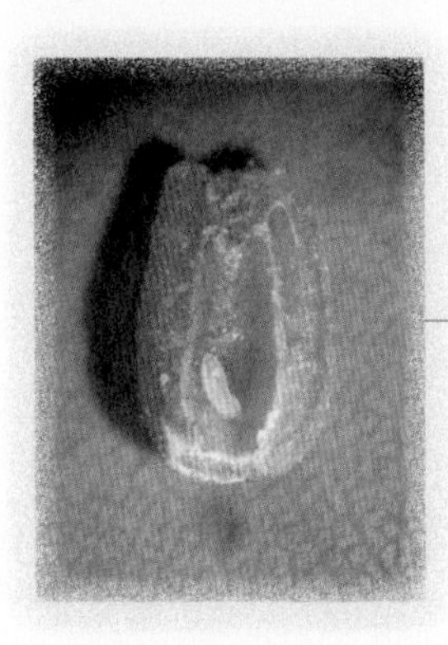

圖六

在顯微鏡下，剖開的葫蘆形蟲癭包藏了淺黃色龍眼葉癭蚊幼蟲，配上豐厚多汁的癭壁，令幼蟲食住無憂。

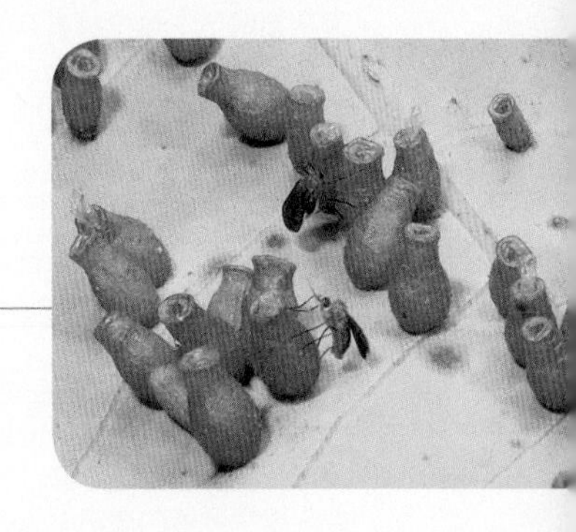

圖七

像藝術品的葫蘆癭巢，隨時間過去而增大及變為褐色，癭蚊亦陸續羽化成蟲，由巢頂鑽出，先依附在癭壁休養，待體力足夠才起飛。

因天氣環境不同，每年龍眼葉癭蚊出現的多寡也有很大的分別。在沙田馬料水出現的龍眼葉癭蚊於 2015 年尾至 2016 年初期間特別多，可能與當時香港氣候特別炎熱有關。如果我們用葫蘆癭巢與我們人類的獨立花園豪宅相提並論，這期間密麻麻（圖八）的癭巢情況，要用「徙置式的」富豪別墅來形容了。我曾點算兩片長滿癭巢的葉子，發現平均每片葉都有大約 350 個巢，密集程度令人難以置信！回心一想，這是否顯示昆蟲對居住問題的應變力比人類強？至少，牠們懂得用慳水慳力的方法解決牠們的居住問題呀！

圖八

當龍眼癭蚊發生率高時，葫蘆癭巢數目也驟增，像密麻麻的富豪別墅徙置區般，別有一番景象。留意癭巢都是建在葉背下，與榕小木蝨的圓球形癭巢建在葉面上（參看圖二、三）剛好相反。

這些慳水慳力而建成的蟲癭形狀各有特色，可説甚具藝術觀賞價值。除了上述的圓球形及葫蘆形外，還有子彈形（圖九）（相片是朋友於 2016 年在嘉道理農場拍攝，造癭昆蟲未被鑒定）。在香港，較常見的造癭昆蟲有青果榕小木蝨（同翅目的木蝨科）和龍眼葉癭蚊（雙翅目的癭蚋科）。據知，世界上還有不少造癭昆蟲，包括同翅目的蚜科、膜翅目的癭蜂科、鞘翅目的象鼻蟲科等。相信不少新品種和牠們甚具創意的藝術屋，正等待我們發掘和欣賞呢！

圖九

外型像子彈的蟲癭在香港也出現過。從另一角度看，這些藝術蟲癭不也像香港的國際金融中心（IFC）或環球貿易廣場（ICC）等商業地標嗎？蟲蟲向高空發展的聰明構思不是與人類的做法不謀而合嗎？

食住無憂的大宅

以同樣慳水慳力的方法來創意地解決食住問題的，還有實蠅和果蠅。牠們的雌蠅把卵產放在果實和瓜的表皮上（圖十），幼蟲孵化後便鑽入果實內，吸食瓜果內的組織和汁液（圖十一）。這些蠅類比以上在葉片上刺激寄主而建造蟲癭的昆蟲還要高明，因為一個瓜或果的體積容量很大，可以供應上百條幼蟲，直至到終齡階段，成熟幼蟲隨即鑽離瓜果（圖十二），在地面泥土內變蛹，再羽化為成蟲。

圖十

雌性瓜蠅選中一條健康的青瓜，正伏在瓜皮上產卵。幼蟲孵出後便鑽入瓜內取食瓜肉和瓜汁，直至終齡才鑽出腐瓜，跌落泥土內變蛹，再羽化成瓜蠅。

圖十一

實蠅同樣地產卵於果實上，受侵染的果實會漸漸變色和變壞。圖左方是健康的香瓜茄，右方的是受實蠅侵食後變壞的香瓜茄。換言之，實蠅幼蟲輕易地把整個果實轉變為牠們食住無憂的大宅。

圖十二

桔子頂部軟腐和凹陷位置的邊緣，有四條淺黃色已成長的實蠅幼蟲，牠們從桔果鑽出，準備爬離後找適當地方化蛹，繼續牠們的生命史。

2.11 鬼劃符的迷宮

在生物界中，人類可算是萬物之靈，但我們仍常感覺到自己渺小，我們的遭遇、命運、前景等，很多時都身不由己。所以不少人都有宗教信仰，而信仰中亦離不開有神、鬼之論。其中道教更奉行以符咒來趨吉避兇。據説，符的靈力來自有法力的人凝聚精、氣、神去寫。但另一方面，在農村耕作時，農民常遇上一些他們稱之為「鬼劃符」的農作物，究竟這些「鬼」和「符」是甚麼呢？而「鬼」又怎樣劃「符」呢？

農民所見的「鬼劃符」，就是在植物葉子上出現的一些怪異圖案（圖一、二），有些圖案與一些道教寫作的簡單符貼（圖三）有幾分相似。不少葉上的符紋看似龍或蛇，但又夾雜了一些不羈的附贅物，如額外的頭或尾等，一如一些新派的藝術繪畫作品（圖四）。另外，又有一些看似鼠頭蛇身的怪物（圖五），相當趣怪和具創意。

圖一

在豆角葉上出現的怪異圖案，農民稱之為「鬼劃符」。

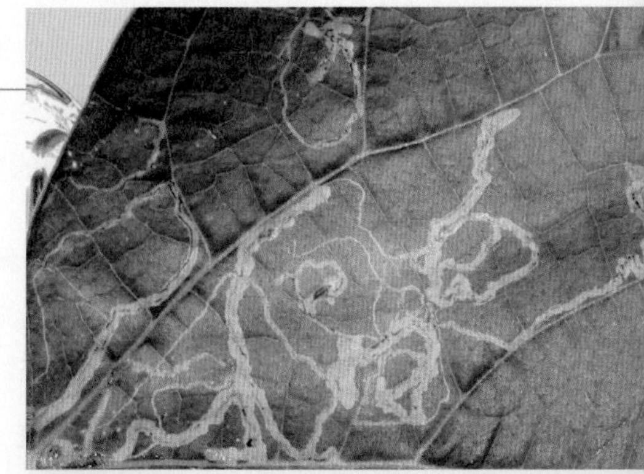

圖二

這些圖案與一些道教的符貼（見圖三）有幾分相似，符紋看似龍或蛇，但又夾雜了一些不規則的附贅物。

圖四

豆角葉上的符紋看似龍蛇混雜。圖右方中部有看似隆起的龍眼睛，那就是潛葉蠅的蛹。

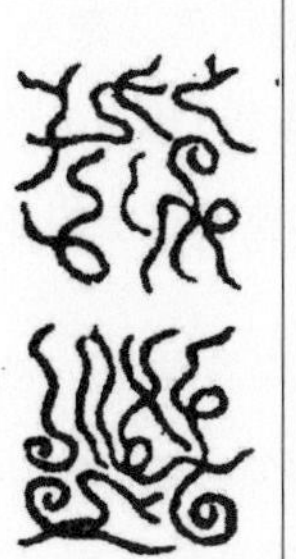

圖三

這些簡單道教的符貼與「鬼劃符」的圖案有幾分相似，有些符紋也看似龍或蛇。

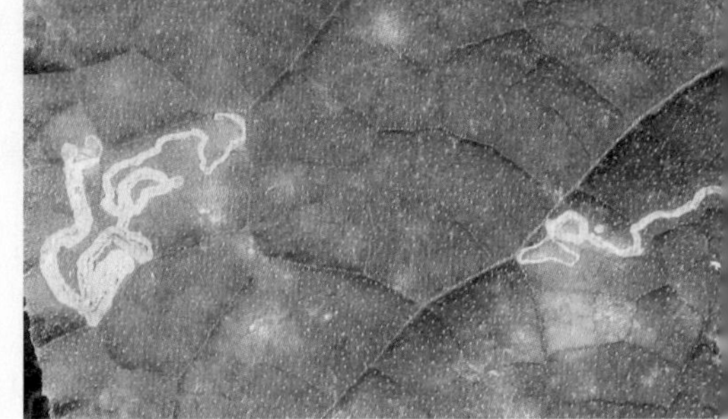

圖五

一些瓜葉上的符紋看似卡通人物；圖左方看似鼠頭蛇身，圖右方就像大眼蛇伸出丫形舌頭。

原來「劃出」這些符紋的操作者，是匿藏於在葉面和葉底之間的一種細小昆蟲，牠們被統稱為潛葉蟲（leafminers），包括細小品種的蠅類、甲蟲類和蛾類幼蟲。換句話說，這些潛葉蟲就是農民所說的「鬼」，而因牠們挖食而築成的蛀道圖案便是「符」。

「鬼劃符」的現象，可以由潛葉蟲的母親產卵於寄主葉片上開始，卵孵化後便潛入葉內取食葉面和葉底間的葉肉組織，過程就像在葉片中挖掘隧道般。我們見到的「符」就是潛葉蟲咬出來的蛀道。這些咬痕多以不規則的弧形狀前進，但蛀道有一共通特點，就是它們都先窄後寬（圖四、五），原因是幼蟲一路向前挖食，身體和食量亦隨之增大，直到終齡。老熟幼蟲咬破葉面，爬離蛀道，掉落表土後變蛹，再羽化為成蟲。

在香港，最常見的潛葉蟲是美洲斑潛蠅（American Leafminer）（學名：*Liriomyza sativae*），牠是多食性（polyphagous）昆蟲，寄主涵蓋十多科百多種植物，主要以豆科（如豆角、豌豆）（圖一、二、四）、葫蘆科（如黃瓜、冬瓜、西瓜）（圖五）及茄科（如番茄、茄子）等作物為寄主。美洲斑潛蠅各生命階段的體形都很細小，初齡幼蟲體長只有 0.2 毫米，老齡幼蟲可達 3 毫米（圖六），蛹長約 2 毫米（圖七），而成蟲體長也只有 2 毫米（圖八）。牠們體型雖細小，但為害力很強，被認為是世界上最嚴重和危險的多食性斑潛蠅之一。

此外，本港還有另一種常見的潛葉蟲，牠就是柑桔潛葉甲（Citrus Leafminer Beetle）（學名：*Podagricomela nigricollis*），這些甲蟲以芸香科的柑桔類植物（如橙、柚、柑、桔、檸檬等）為寄主，體形比美洲潛葉蠅大，肉眼輕易見到，幼蟲橙色，終齡蟲體長約 7 毫米（圖九）。幼蟲成熟後會咬破蛀道，跌進鬆土內蛻變為蛹（圖十）。成蟲也以柑桔葉為食糧（圖十一），喜跳躍，所以又稱「桔潛跳甲」。牠們造成的「鬼劃符」圖案也較為寬闊和明顯（圖九、十二、十三），有時咬痕在葉子左右對稱出現，就像迷宮圖案一般（圖十二、十三），煞是好看！

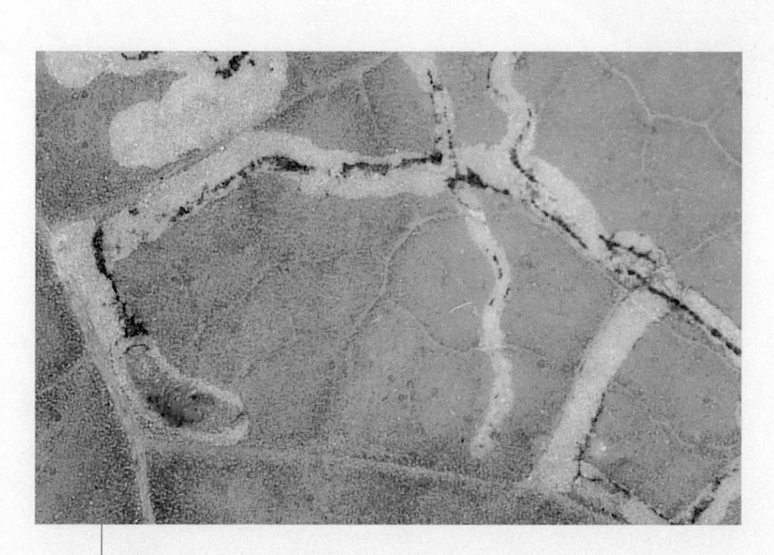

圖六

在顯微鏡下，豆角葉內的美洲斑潛蠅終齡幼蟲（左方），及牠之前挖食的蛀道。灰白色是挖空部分，裏面的黑點和黑線就是幼蟲的排泄物。

圖七

在顯微鏡下，美洲斑潛蠅的蛹。

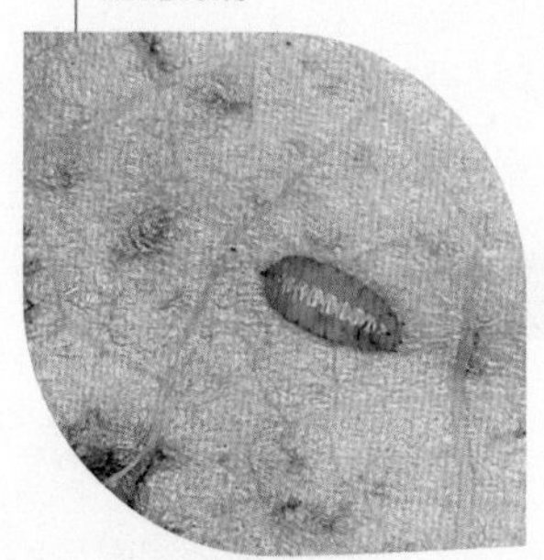

圖八

在顯微鏡下，美洲斑潛蠅的成蟲。

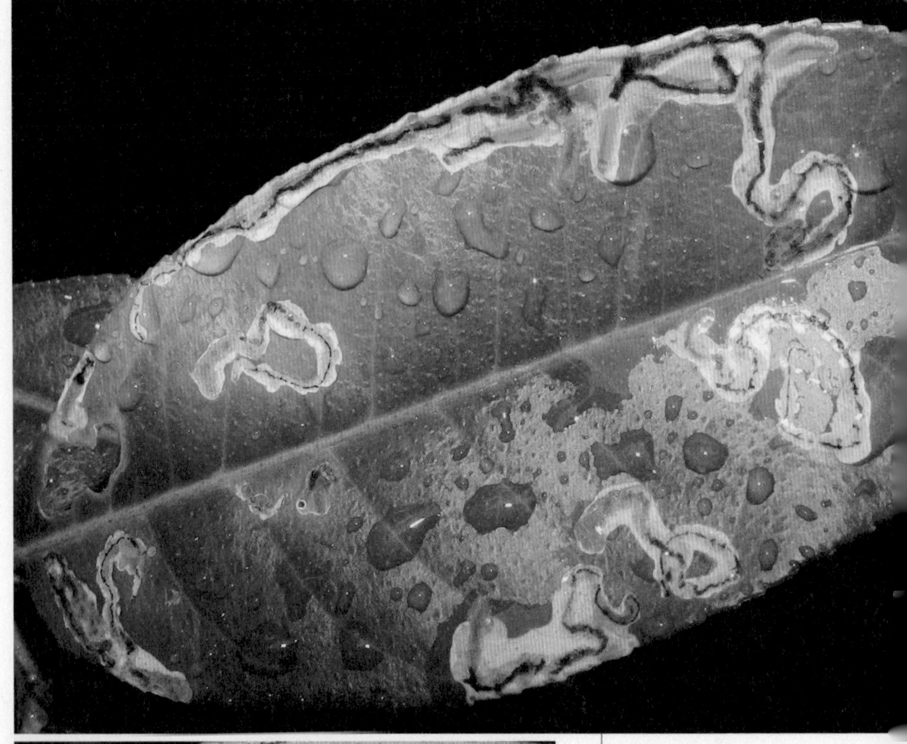

圖九

柑桔潛葉甲在檸檬葉上的「鬼劃符」，形狀似蛇，有八條橙色幼蟲在蛀道內挖食，蛀道內有明顯的黑色糞便。

圖十一

柑桔潛葉甲成蟲正咬食檸檬葉。

圖十

柑桔潛葉甲幼蟲咬破蛀道跌進鬆土內，正在蛻變為蛹的情況。

圖十二

這美麗的迷宮圖案是由柑桔潛葉甲幼蟲在柚葉左右兩邊對稱地築構成的。

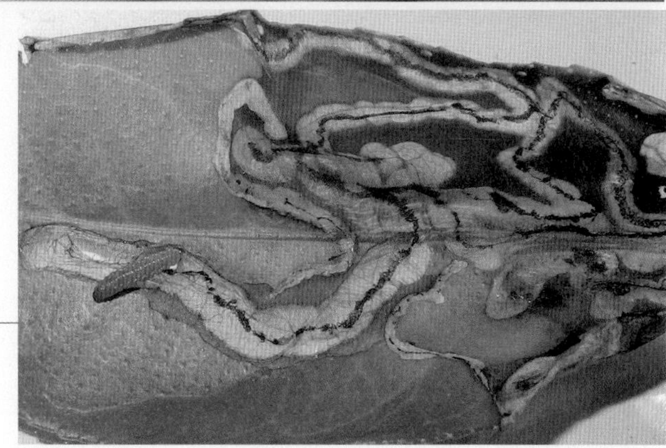

圖十三

檸檬葉上的「鬼劃符」看似迷宮。一條幼蟲剛從蛀道鑽出來。

以上所描述的「鬼劃符」內的蛀道和迷宮，其實代表了這些細小潛葉蟲的一種聰明策略，一石二鳥地同時解決了幼蟲住和食的問題，葉片內的蛀道還提供了對抗天敵的安全保護所。雖然仍有一些寄生蜂品種（圖十四、十五）能夠以產卵管刺破葉面產卵在潛葉蟲身上，但這種「鬼劃符」方式的生活習性已大大減少其他天敵的侵襲，使潛葉蟲大致上能「安居樂食」。

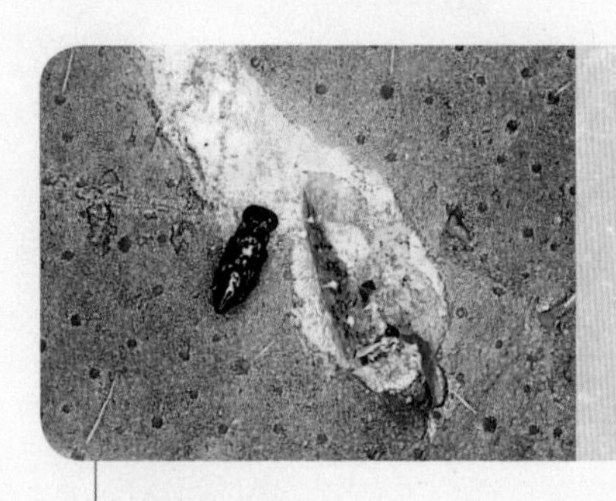

圖十四

在顯微鏡下，把藏匿在蛀道末端的蛹用解剖刀釋放出來，才發現黑色蛹是寄生蜂的蛹，美洲斑潛蠅已被完全取代了。

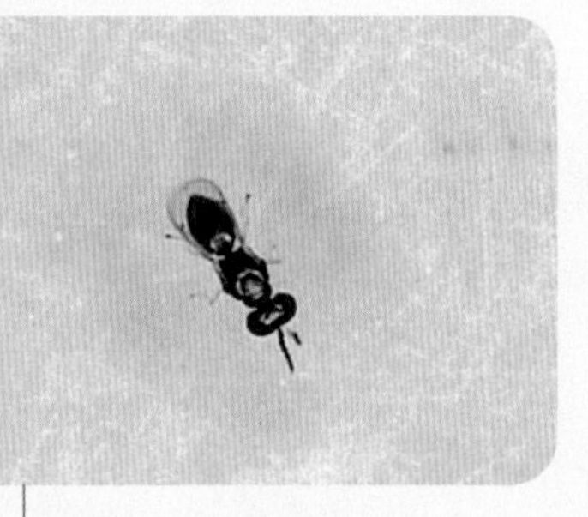

圖十五

在顯微鏡下，上圖的黑色蛹已羽化成金屬綠色的寄生蜂。

2.12 取木為巢的謀略

人類祖先最原始的居所固然是天然洞穴，其後開始採用樹葉、樹枝、泥土、石塊等物料來蓋建簡陋的房子。同樣地，小小昆蟲也不遑多讓，懂得利用樹葉、樹枝（請參閱前節）、泥土等物件作為牠們藏身之所或築巢材料。

蛀木為巢的木蠹蛾

昆蟲利用樹木來解決居住問題，最直接的方法就是鑽入樹幹裏蛀洞藏身。在香港，蛀入樹木枝幹過活的昆蟲包括木蠹蛾（Carpenter Moths）、一些天牛（Longhorn Beetles），和象甲（Weevils）等。其中以木蠹蛾較為常見，受害的植物涵蓋果樹和林木樹，包括番石榴、荔枝、龍眼、黃皮、台灣相思、洋紫荊、鳳凰木、木麻黃和樟樹等。

木蠹蛾科（Cossidae）成員蛀木為巢的行為於幼蟲階段出現，雌蛾在寄主植物的枝幹樹皮內產卵，幼蟲孵出後在枝幹分岔、傷口或皮層裂縫處鑽入幹莖造成孔道，主要用作歇息之所。幼蟲取食寄主的樹皮，邊食邊在枝條表面吐絲綴連蟲糞和樹木碎屑，來建造有蓋通道（圖一），用以擴大供食樹皮面積和保護自己。終齡幼蟲在通道中化蛹，再羽化成蛾。

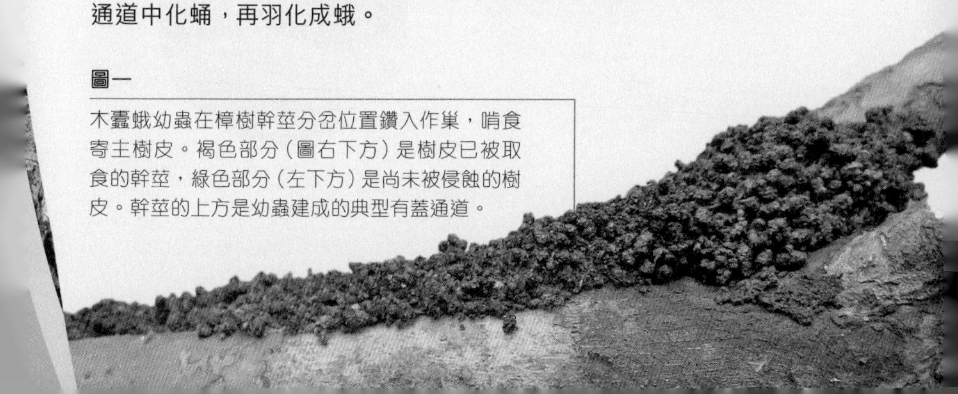

圖一

木蠹蛾幼蟲在樟樹幹莖分岔位置鑽入作巢，啃食寄主樹皮。褐色部分（圖右下方）是樹皮已被取食的幹莖，綠色部分（左下方）是尚未被侵蝕的樹皮。幹莖的上方是幼蟲建成的典型有蓋通道。

2017 年 3 月，在港島修整園林樹木時，專家在三株受害的樟樹中發現五條木蠹蛾幼蟲，牠們主要侵襲較幼嫩的枝莖，情況如圖一至圖三（資料由李賢祉博士提供）。有關標本經漁護署劉紹基先生透過 DNA 驗證，確認為擬木蠹蛾的一個品種（學名：*Squamura obliquifasciata*）（圖四）。另一種常見的木蠹蛾是咖啡豹蠹蛾（Red Coffee Borer）（學名：*Zeuzera coffeae*），牠的幼蟲（圖五）的植物寄主與樟樹的擬木蠹蛾大同小異，但較多見於果樹。

圖二

移開部分木蠹蛾幼蟲建成的通道後，可見幼蟲在枝幹分岔處所鑽蛀成的洞口，它是貫通莖內孔道和樹面上通道的必經之點。

圖三

橫切開的樟樹，可見到木蠹蛾幼蟲爬離孔道，蟲尾後方的黑洞切口就是牠所蛀出孔道的位置。

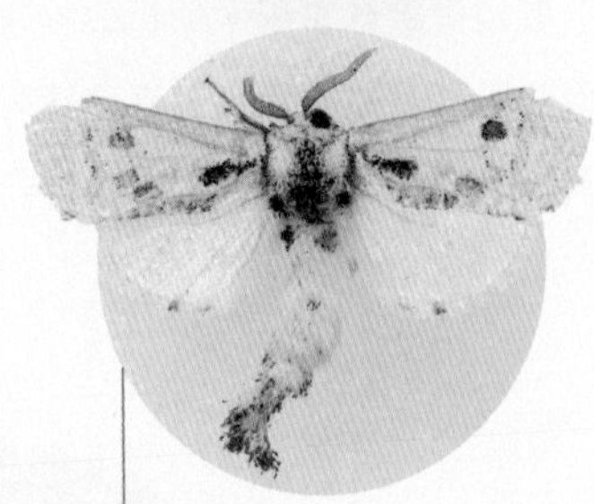

圖四

樟樹的擬木蠹蛾成蟲。

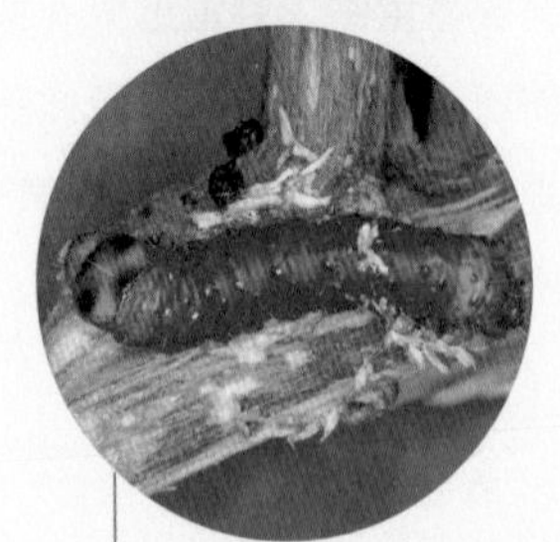

圖五

咖啡豹蠹蛾幼蟲挖掘枝條幹莖來藏身於孔道。

值得一提的是，含殺蟲劑「樟腦」的樟樹，一樣擋不住昆蟲如木蠹蟲的蛀洞和挖食，可見昆蟲的驚人適應力。

取木造巢的謀略

眾所周知，香港貧苦一族常居住於細小狹窄空間，俗稱「板間房」或「劏房」。其實在蜂類的小昆蟲世界，這種劏房式的居住模式行之有素。社會性的蜂類幼蟲，孵化後便留在一個六角形的巢室（圖七），受工蜂餵飼直至變蛹和羽化為成蟲。

有謀略地運用樹木及木質材料築巢的首推胡蜂科的成員（不包括蜜蜂，因為牠們是以工蜂分泌的蜂蠟來造巢）。建巢的木質原料來自樹皮、枯木，竹竿、藤蔓或植物纖維。這些物料由胡蜂採集，咬碎，以水和唾液混和而成紙漿，然後才用來建巢。蜂巢的結構可粗略分為外露式和封閉式兩類。外露式的巢室數目較小，主要是由長腳蜂所建造（圖六）。封閉式的巢室數目眾多，並可排放在數層巢脾上（圖七），蜂巢還有外殼保護。

圖六

變側異腹胡蜂（學名：*Parapolybia varia*）建巢的木質材料幼薄如紙，所以這類胡蜂也叫 Paper Wasps。

胡蜂築巢由蜂后開始，牠選好地點後，便親身建立雛型的蜂巢，產卵及養育第一批工蜂，隨着這批工蜂出世後，築巢工作就由不斷壯大的工蜂羣負責。蜂后則專注生育。

最現成描述胡蜂築巢進程的例子，莫過於介紹在我家出現的雙色胡蜂（又名「黑盾胡蜂」，學名：*Vespa bicolor*）（圖八）。2017 年 5 月中，在我家後露台的天花板位置，發現了一個由雙色胡蜂建造的碗狀小蜂巢（圖九）。當時只見到一隻蜂，相信是蜂后，而牠就是這初期蜂巢的建造者。隨着一批一批的工蜂陸續出世，蜂巢和外殼亦逐漸增大（圖十至十四）。大概 10 月天氣溫暖時分，工蜂數目眾多，活動頻繁，包括覓食帶回巢、選取建巢物料、和建巢工作等。晚上，不少工蜂在巢口附近的外殼聚集歇息（圖十二）。

圖七

部分外殼被移去的黃腳胡蜂蜂巢。從側面看可見巢內有很多六角形的巢室，有秩序地排列在三層巢脾上。巢室內藏有不同階段的胡蜂幼蟲和蛹，蛹巢室頂有白色絲質蛹蓋。

圖八

雙色胡蜂近地面飛行，找尋食物和築巢木料。留意牠胸背上黑色盾形的斑紋。正因此牠又名「黑盾胡蜂」。

圖九

初見在我家露台天花板的碗狀雙色胡蜂巢，第一層的外殼尚未全部完成。蜂后（巢下方）正忙碌工作，單獨負責築巢和養育第一批工蜂。

圖十

三個月後蜂巢已明顯增大和有外殼。工蜂已有一定數目，其中一部分聚集於巢下方的出口。巢殼已出現花紋，因為工蜂帶回來的建材來源不一。

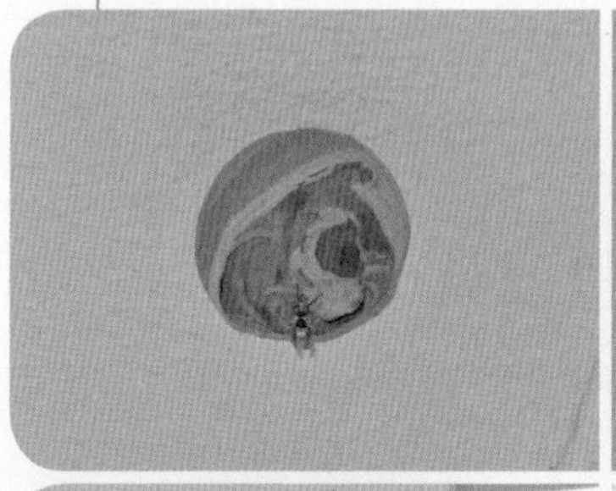

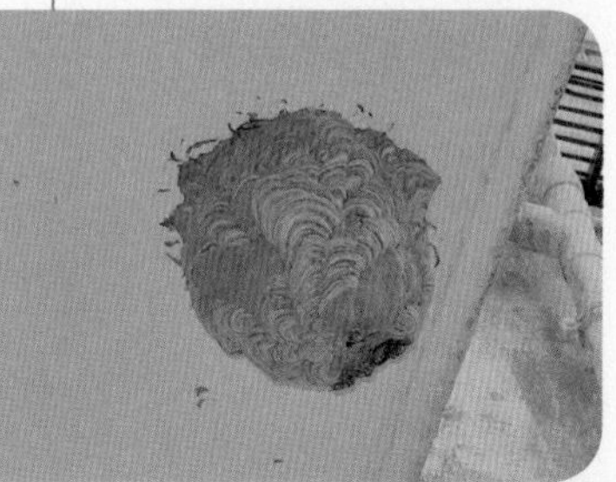

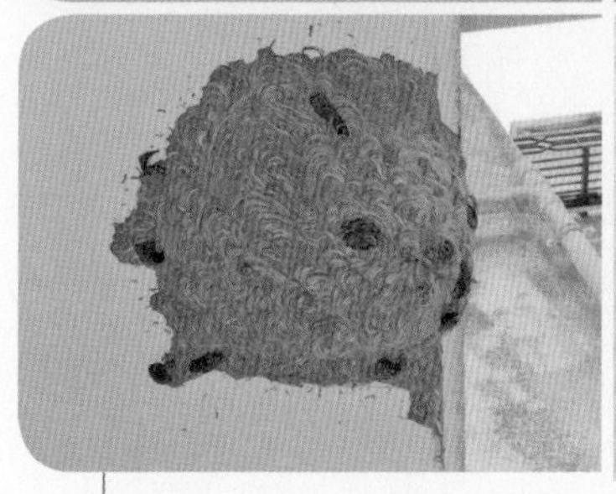

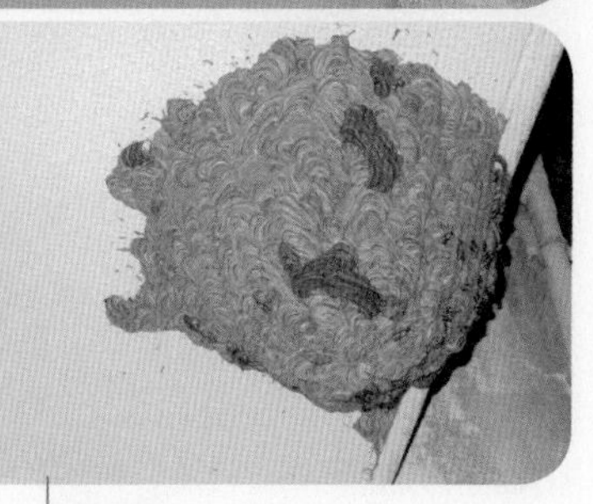

圖十一

四個月的蜂巢體積已不小，巢殼上出現了不少工蜂，飛出飛入。巢外的工蜂分散在大約十個小建築地盤（即深褐色下陷的地點），勤奮地築巢。

圖十二

10 月時分，眾多的工蜂在晚上只在巢殼近出口附近（圖右方）的地方歇息。深褐色的條狀斑紋，是最新增建的蜂巢位置，顏色深是因含水分仍高。

到 2018 年 1 月寒冷冬天的晚上，工蜂羣懂得找蜂巢後面近牆壁和較有遮蔽冷風的位置，瑟縮地伏在巢邊的天花過夜（圖十三）。再到 2 月底 3 月初時，蜂隻數量明顯減少（圖十四），相信是因天氣太冷和覓食困難。就在這時期的三數天的早上，我發現工蜂抱着蜂蛹或終齡幼蟲，一隻抱一隻地飛離蜂巢（圖十五），似乎是

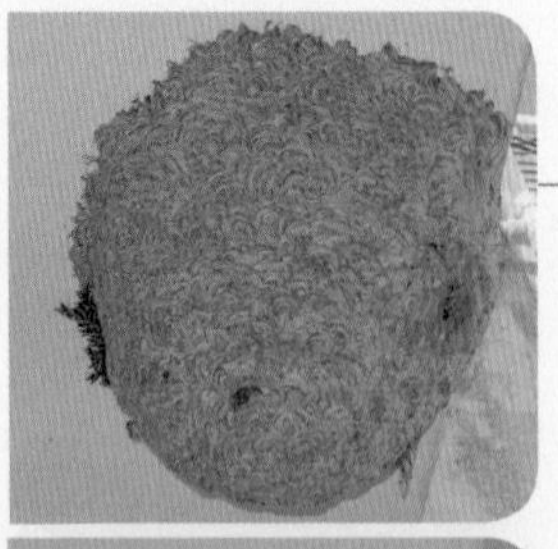

圖十三

2018 年 1 月寒冬，工蜂羣躲在蜂巢後面（圖左方）近牆壁的天花位置，捱過了一整夜低溫。在清晨時間仍瑟縮地伏在巢邊，等待氣溫回暖。

圖十四

2 月底，蜂隻數量明顯減少，相信是因天氣太冷和覓食困難。此時，巢齡約九個月，巢直徑約 25 厘米，高 50 厘米。

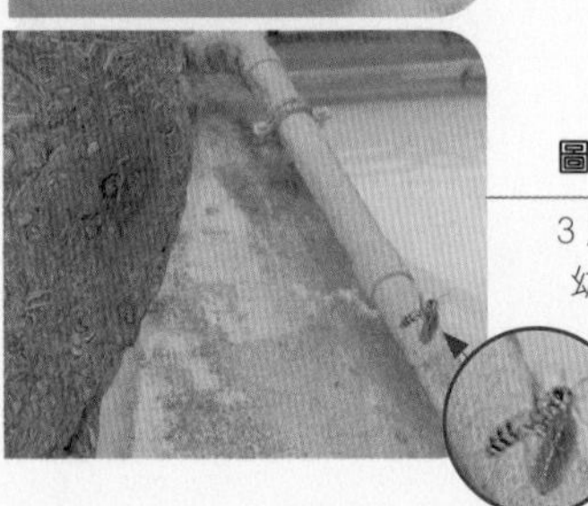

圖十五

3 月初，寒冬將過，我發現一些工蜂抱着終齡幼蟲（圖右下方）或蜂蛹，在三個連接的早上，一隻抱一隻地飛離蜂巢，似乎要搬到心有所屬的某處，另起爐灶？

刻意搬離蜂巢到心目中的某處，要另起爐灶的樣子。這與昆蟲學家所相信，胡蜂只靠越冬蜂后再建新巢的構思，有所出入。

原來胡蜂築巢、撤巢都有牠們的工作流程時間表，表現得有計劃和紀律。在香港的胡蜂巢只用上一年，到寒冷的冬季時候便放棄，由蜂后在來年再建新巢。據知，雙色胡蜂是每年最遲撤巢的胡蜂品種。以我家的蜂巢為例，蜂后在大約 5 月或之前開始覓地建巢，蜂巢隨着工蜂數目增加而快速擴張，最大時直徑約 25 厘米，高度約 50 厘米，比起一般足球還要大很多。到翌年 2 、3 月寒冬氣候將完結時便放棄舊巢，成功越冬的蜂后再覓地築巢，重複延續物種活下去的使命。

2.13 水、泥蓋成的巢穴

上一節介紹過以木為巢的一些昆蟲例子。這裏自然要談一談有關昆蟲以泥土築巢的情況。以泥混和水及口水來造巢的方式，以細腰蜂科（Sphecidae）裏的獨居蜂品種如壁泥蜂（Mud Daubers）和蜾蠃（Potter Wasps）為主。這類蜂所建的巢都是小型的，因為它們主要是用來存放食物給幼蟲成長的育嬰室。

昆蟲利用泥土來解決居住問題，最直接的方法就是挖泥成洞。據知，在香港，至少有紅足沙泥蜂（學名：*Ammophila clavus atripes*）採用這個方法。雌蜂找到蛾蝶類幼蟲獵物，以毒針麻醉牠後，隨即在山邊挖掘並搬走沙泥造成穴洞，再拉獵物入洞、產卵，然後用小石塊及泥沙封住洞口。泥蜂幼蟲孵出後，以獵物幼蟲為食糧，然後長大、變蛹、再羽化為泥蜂成蟲。

壁泥蜂和蜾蠃都是取用沙泥（圖一、二），再混和吸取到的水造成泥漿，然後用來築巢。香港常見的泥蜂包括駝腹壁泥蜂、日本藍

圖一

大華麗蜾蠃用頭部挖取泥沙。

圖二

泥蜂用前足和下顎抱起一團泥沙，準備用來築巢。

泥蜂、黑盾壁泥蜂，和黃柄壁泥蜂等。前三種的泥巢都有被人類社會影響而「都市化」的現象，因為這些泥蜂，原本天生在戶外築巢，現在牠們都懂得利用人類建造的各類結構，如屋簷、牆壁，及不同的家具作為築巢的基地。

以駝腹壁泥蜂（學名：*Scelifron deforme*）為例，在戶外自然環境下，雌蜂慣性以樹莖為基礎，在莖面以泥漿築巢產卵（圖三），每次建造五條巢管，每巢內產一卵。這幾年，在我仔細觀察下，這種泥蜂每年夏天都飛進我家造巢。家裏不同的物件都被牠們用過來

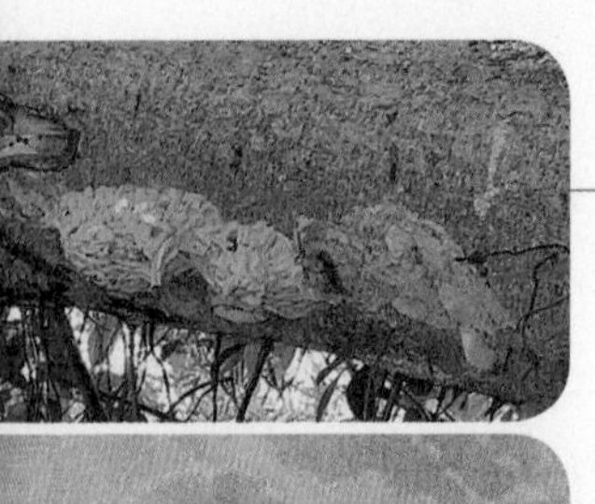

圖三

在戶外自然環境中，壁泥蜂在樹幹下方所築的泥巢。

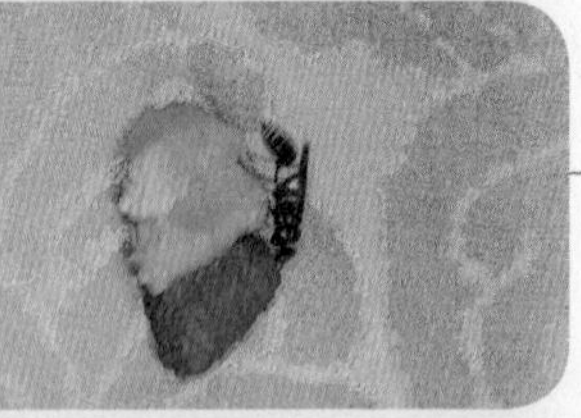

圖四

駝腹壁泥蜂在我家窗簾布上築泥巢的情況。泥蜂已建成兩條巢管，第三條巢管（深褐色的）快將完成。

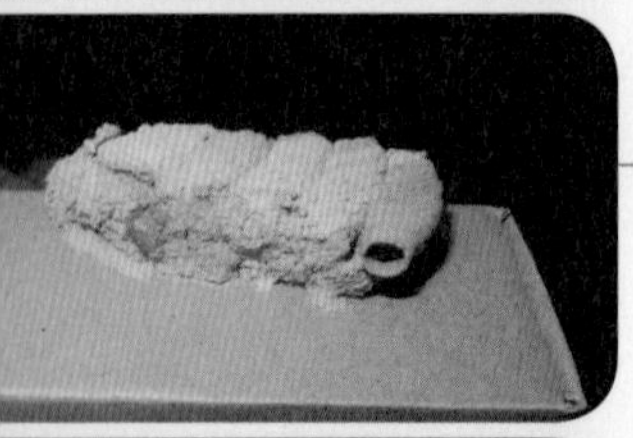

圖五

壁泥蜂興之所至，在紙盒上的一角築了十五條巢管。亦即是說，壁泥蜂曾在這裏產了三次卵（每輪建造五條巢管，每巢管內產一粒卵）。

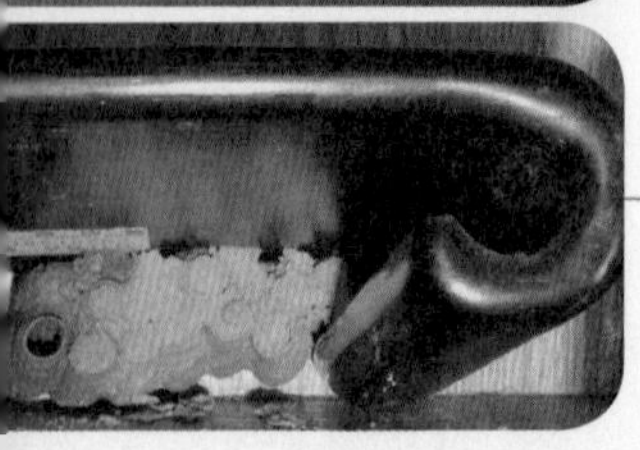

圖六

駝腹壁泥蜂勤於找尋安全地點築巢產卵。牠選中了我家暗角的擺設架底部，一連築了十五條巢管，產了三批卵。

築巢，包括窗簾布（圖四）、壁畫背後、大型貝殼標本內的空間、紙盒面（圖五）和擺設架的底部（圖六）等地方。最有趣的就是於 2015 年夏天時，放在大廳內一個暗角的紙盒，出現 15 條駝腹壁泥蜂的巢管。2016 年夏天，在實驗室一暗角的擺設架底部，又發現了 15 條管巢。這間接顯示壁泥蜂適應環境力很強，懂得選擇人類居所的安全地點築巢產卵。

日本藍泥蜂（學名：*Clalybion japoicum*）融入人類社會的能力同樣強勁。這種泥蜂在戶外環境下會在山坡用水和泥築巢（圖七）。牠們除了懂得利用我家裏空出來的螺絲孔造巢之外（圖八），還會把舊巢清理（圖九），循環再用。清理舊巢後，由放入被麻醉了的獵物、產卵、再搬泥團封好巢口的過程，只不過花了一小時多（圖十）。但隨後還要等待濕泥轉為較乾爽後，才加添新泥及修飾洞口（圖十一）的顏色，造巢工作才算完成。利用螺絲洞造巢雖然減省建造物料和工作，但也考驗藍泥蜂的應對能力，因為洞口細而堅硬，較大型的獵物無法拉進巢內。於是肥大的昆蟲幼蟲和蜘蛛（圖十二）都曾被棄於巢外。其實，大致上藍泥蜂已懂得選擇長腹型的蜘蛛（圖十三），來供養住在狹窄管巢內的幼小。

圖七

日本藍泥蜂在野外環境中，多在岩石、山坡上築泥巢。

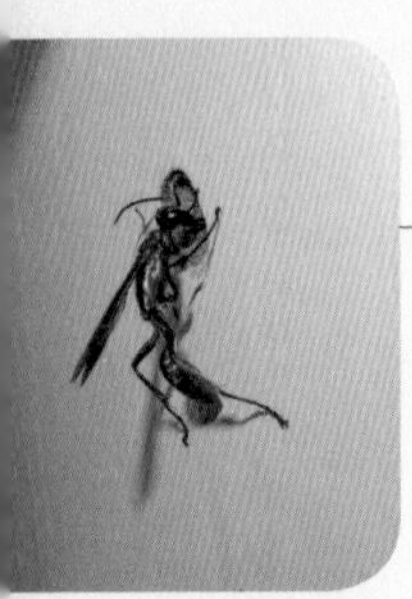

圖八

藍泥蜂在屋內利用螺絲孔築巢的情況。圖中的雌蜂已把獵物放進螺絲洞的巢室，亦已經在獵物身上產卵。牠正以水混和泥封閉巢口。

圖九

藍泥蜂決定再用舊巢後，會全心全力鑽入巢洞內，仔細清除雜物，包括沙泥、以前獵物的乾屍，和以前居於舊巢的泥蜂蛹殼（圖下方的雜物）。

圖十

移除了舊巢的雜物後，藍泥蜂才放心建新巢。牠在個多小時內完成放置新麻醉了的獵物、產卵，和勤奮地用泥漿封閉新巢口（圖中上方），以保護巢管內幼小的安全。

圖十一

待用來封閉新巢口的濕泥轉為較乾爽後，藍泥蜂才加添新泥和修飾洞口的顏色（已從深褐色轉為灰白色），以配合周邊環境，令天敵難以察覺泥巢的所在。

圖十二

以螺絲管築泥巢的洞口細小，較大型的獵物如趣怪的黑綠鬼蛛，因腹部肥大，未能通過洞口而被逼放棄。但鬼蛛背部的可愛笑險和滑稽的大鬍子斑紋應令讀者留下深刻印象。

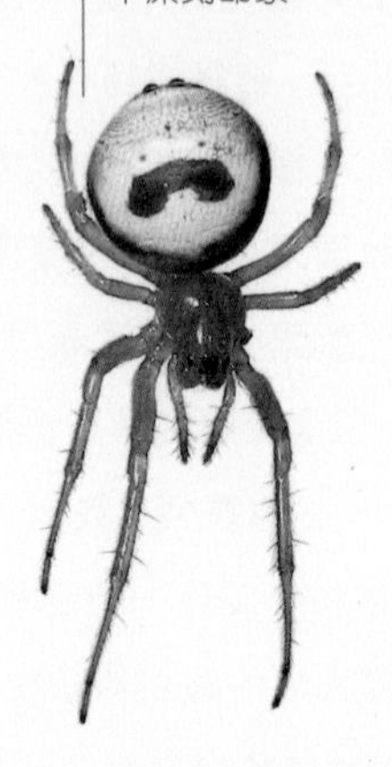

圖十三

因為螺絲泥巢洞口細小，較大型的獵物未能通過，藍泥蜂於是學乖了，主要選擇長腹型的蜘蛛（如圖）作獵物，以便通行無阻。

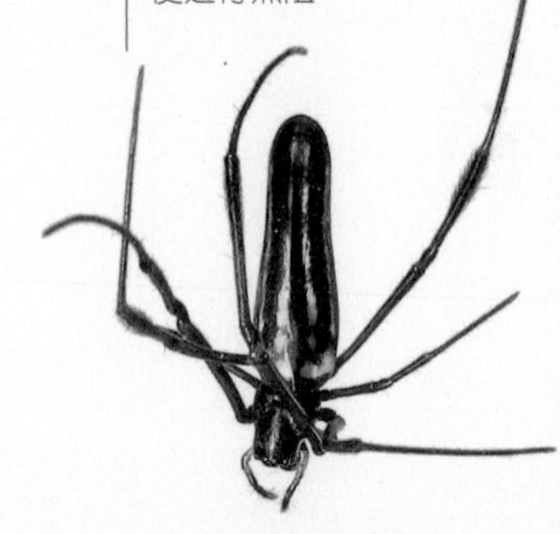

黑盾壁泥蜂（圖十四）也是用泥土建造管巢的壁泥蜂品種，牠們也有點受人類「都市化」的影響，常常喜歡在牆頂或柱頂築泥巢。築巢產卵過程與駝腹壁泥蜂相同。

以水、泥建巢的蜂還有蜾蠃（Potter Wasps），常見的有大華麗蜾蠃（學名：*Delta petiolata*）（圖二），牠們在戶外自然環境內會在樹木枝葉間建巢（圖十五），也在人類建造的各類工程結構築成壺狀泥巢（圖十六），形狀很有趣，所以牠們也叫「泥壺蜂」。

圖十四

在柱頂上築泥管巢的黑盾壁泥蜂。

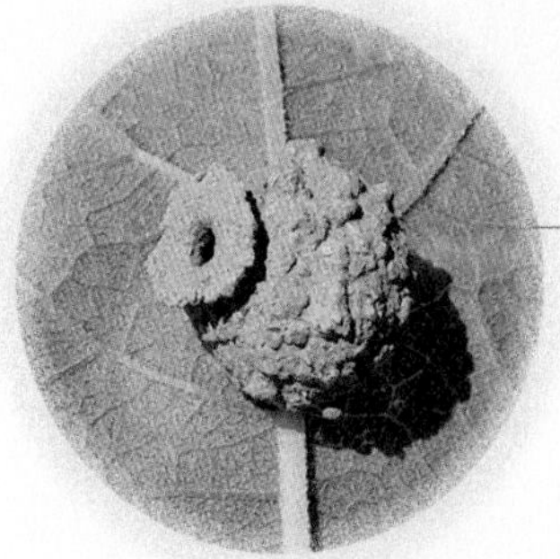

圖十五

大華麗蜾蠃在葉背上建造泥壺巢，除保存自然氣息外，還帶有陶瓷藝術的品味。

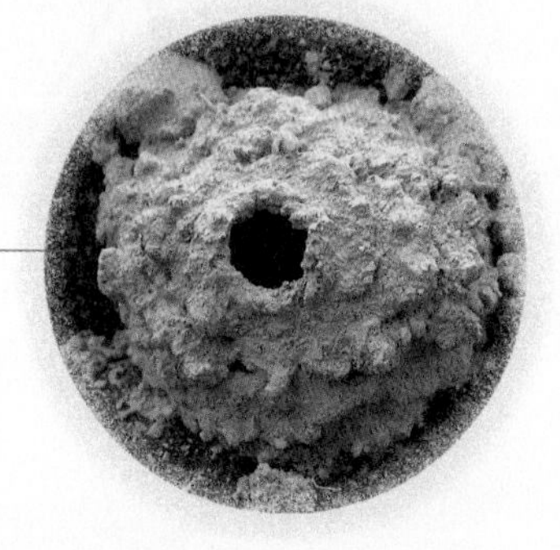

圖十六

略被人類「都市化」影響的個別蜾蠃，在石牆上築了一個泥壺巢。

III 保命求生妙法

昆蟲因為個子細小，又沒有內骨骼承托身體的組織，常常淪為其他捕食性動物的可口獵物。於是為了自保，不同品種的昆蟲各自演化出奇謀妙技，來逃避捕獵者的發現和追殺，所採用的策略層出不窮，其中不乏趣怪、獨特、充滿創意的招式，令我們拍案叫絕。

大致來說，昆蟲的保命求生方法，可分為三個步驟：（1）避免天敵發覺—這是最安全的措施，透過匿藏、保護色、偽裝技巧及故佈疑陣（如利用幻覺效果）來瞞騙天敵；（2）嚇唬天敵，令牠們卻步，例如利用警戒色、假眼斑、披上長毛毒毛、發放臭氣毒液等；（3）若被敵人逼近，還有一些求生招數，包括飛離現場、遊絲避敵、假死、惡臉嚇敵等。

一些體質弱小的昆蟲，尤其是蚜蟲，可採納避敵的措施很有限，而面對的天敵又特別多。在這種惡劣環境下，牠們成功悟出一個獨特的物種求生策略，那就是採取高速度、應變力強的繁殖方法，彌補族類不斷被捕殺的損失。

欲知蟲蟲如何施展保命求生妙計，且看以下章節！

2.14 寶寶的護身符

眾所周知，昆蟲的生活史有三或四個階段，在「完全變態」的過程中有卵、幼蟲、蛹和成蟲四個階段，而在「不完全變態」過程中則只有卵、若蟲和成蟲三個階段。昆蟲在發展過程中，「蛹」階段演化出自衛形式比其他階段為少，由於蛹是生活史中最靜態和等待身體劇變的階段，所以不須移動（除了少數例外，如蚊子的蛹等），因此也相對不易被天敵察覺。昆蟲的蛹主要是採取一些匿藏於隱蔽地方的策略，包括在鬆土內變蛹，又或吐絲作繭來稍作保護（圖一）。

「成蟲」和「幼蟲」（包括「若蟲」）階段的自衛策略，我會在隨後章節談到。至於「卵」的階段，因為從卵孵化為幼蟲所需時間較短，所以通常沒有特別保護。大致來説，卵粒多產放在食物生境附近（圖二、三），例如常見的蛾蝶類、蝽象等會把卵產放在寄主的葉片上；而天牛、螽斯等昆蟲則把卵粒產於樹幹中，以減低被捕食的機會。不過也有一些昆蟲品種採取各種不同方式進一步保護卵粒及初生幼蟲。較簡單保護卵粒的方法被一些蛾類採用。這類母蛾產卵後，用體毛覆蓋着卵堆（圖四），使天敵不易看到；一些昆蟲品種的體毛還帶有毒性，以加強保護幼小的效果。

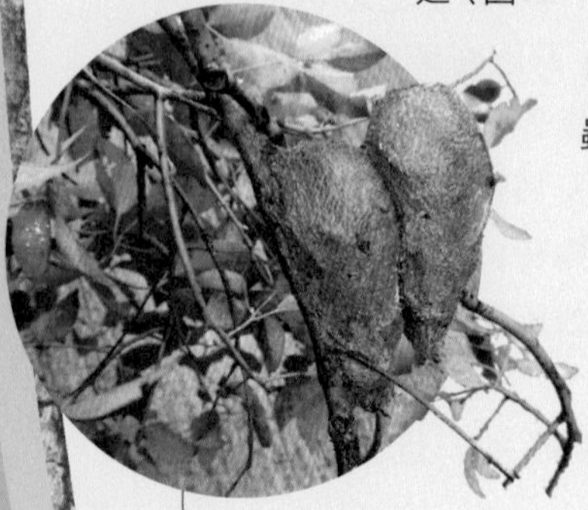

圖一

樟天蠶蛾的蛹附在寄主的枝條上，以褐色的絲繭作簡單保護。

圖二

昆蟲的卵多產放在寄主植物的枝葉上。圖中一串串粉紅色的是一種瓜蝽的卵，產放於寄主瓜葉上。

圖三

捕獵性的食蚜蠅也產卵於獵物蚜蟲的寄主植物上。這隻母蠅似乎特別聰明，把奶白色的卵粒產放在夾竹桃蚜羣內，一如埋藏了計時炸彈於其中。

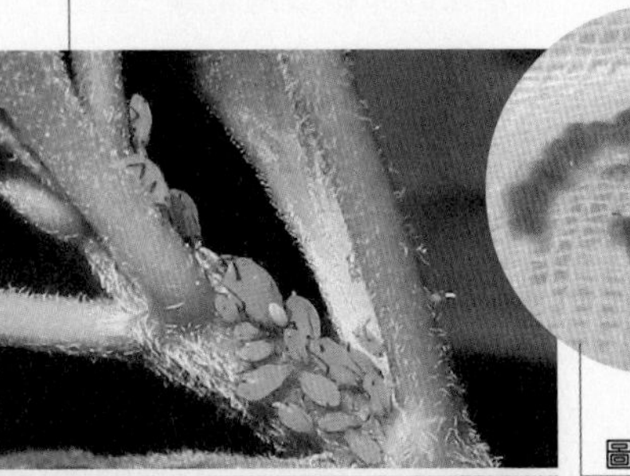

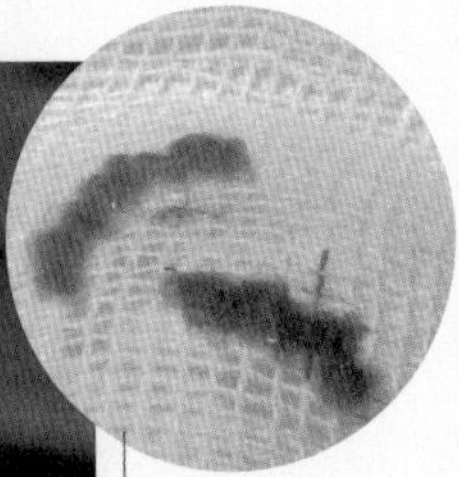

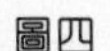

圖四

一些蛾類品種會把自己的體毛覆蓋在卵粒上，加以隱蔽和保護。

圖五

雌性草蛉竭盡心思，把每一卵粒放在自己分泌出來的卵柄末端（三粒粉紅色的是卵子），懸掛半空，使天敵難以察覺和捕捉。

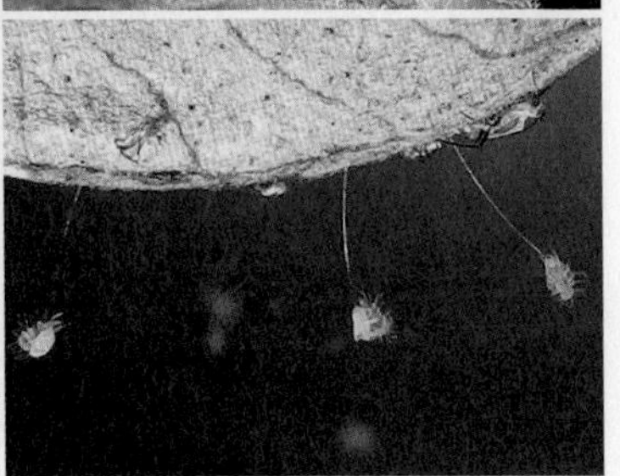

圖六

草蛉幼蟲初孵出時身體較弱，最易被獵殺，要伏在懸空的卵殼上一段時間，待體質堅實後才沿卵柄爬下，開始覓食。

草蛉母親採取一種更周詳且奇特的保幼方法，那就是在產下每一粒卵之前，先分泌半液體的條狀物質，再在末端產卵，條狀物體短時間內硬化成柄條，卵子於是被柄條懸掛在空中（圖五、六），因此天敵如螞蟻、褐蛉，甚或同類較年長的草蛉，都不易察覺和捕捉那些柔弱的初生草蛉幼蟲。

保護卵粒比較慎密的，應數螳螂和蟑螂。螳螂產卵時會先分泌泡沫狀物質，繼而產卵於其中，泡沫物體不久硬化後變為卵鞘（又稱「螵蛸」），提供保護作用。不同品種的螳螂所產的卵鞘大小形狀不同（圖七至九），產放卵粒數目亦有別。我常見的四種螳螂品種中，廣斧螳的卵鞘最為堅實，保護功能最好（圖九、十），而海南透翅螳孵化成若蟲時最有趣（圖十一）。

圖七

帶有保護卵子作用的小卵鞘，被毛螳雌蟲產放於海芋葉上。

圖八

海南透翅螳的小卵鞘。

圖九

圖左方是中華大刀螳像海綿質的卵鞘，右方為廣斧螳的卵鞘。驟眼看去，已可分辨出後者較堅實，能更有效保護內裏的卵子。

圖十

剛孵化的廣斧螳若蟲，精神奕奕地從卵鞘上的洞口陸續鑽出來。

與螳螂有近親關係的蟑螂，雌蟲同樣會在產卵時先分泌泡沫物質才產放卵粒，硬化後的蟑螂卵鞘特別堅實，外表還有一層蠟質保護（圖十二）。卵鞘通常被母蟲放置於罅隙內，份外安全。有時母蟲還把它帶在尾部（圖十三、十四），似乎在顯示牠們也有母愛和對幼小特別關懷的一面！

圖十一

剛從卵鞘孵化出來的海南透翅螳若螳，形象趣怪，看起來似 E.T. 外星人。

圖十二

蟑螂像螳螂一樣，也用卵鞘來保護卵子。牠們的卵鞘特別堅實，外表還有一層蠟質，以加強保幼作用。

圖十三

德國小蠊的蟑螂媽媽也會用尾端來攜帶卵鞘隨牠走動，以策安全。從背部看，因翅膀覆蓋着，卵鞘並不明顯。

圖十四

從腹部看，德國小蠊的卵鞘顯示得一清二楚。

2.15 與生境融合一起

不少昆蟲懂得利用自己與自然環境相若的體色來隱藏行蹤，以躲避天敵獵食。這種具有保護安全作用的體色，通常被稱為「保護色」。

最原始而最普遍的保護色運用方法，就是利用單調沉實的體色來配合周邊的生境，例如綠葉片上的螽斯（圖一）、草蛉（圖二）、天蛾、綠椿等；在樹皮上暗褐色的蛾類成蟲（圖三）和幼蟲（圖四、五）；在地面雜物和枯葉堆的尺蛾、枯葉蛾（圖六、七）、蝗蟲、蟋蟀等。

圖一

雙葉擬綠螽用簡單的綠色體色把自己融合在生境內的綠葉中，令天敵不易察覺。

圖二

草蛉成蟲身體淺綠色，與牠的獵物蚜蟲的寄主植物馬利筋葉色吻合，成功發揮保護色作用。

圖四

在這幅圖內，您能找到有保護色的昆蟲嗎？牠是一條海芋天蛾終齡幼蟲。當您找到牠時，相信您也佩服牠與生境融合的高超能力。

圖三

一隻暗褐色的魔目夜蛾，藏匿在樹莖下方近泥土的位置，您能輕易發現牠嗎？

圖五

暗褐色的大丫斑枯葉蛾幼蟲，伏在寄主植物的樹幹上，與生境融合得幾乎天衣無縫。

圖六

美冠尺蛾把自己全身融入地上的枯葉雜物堆中，您能找到牠嗎？

圖七

大斑丫枯葉蛾體色和體形都似枯葉，您能找到枯葉堆中的七隻枯葉蛾嗎？

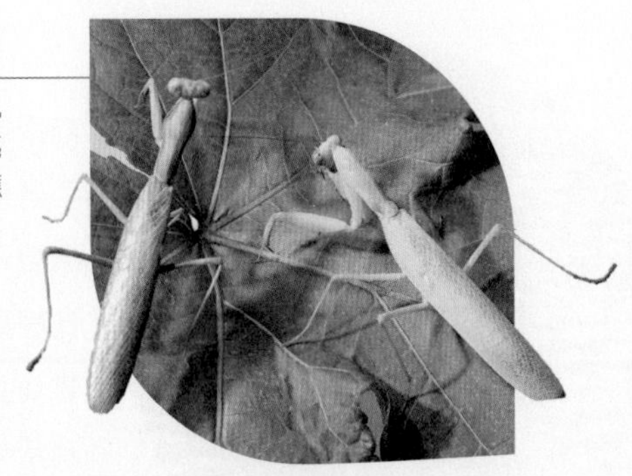

圖八

常見的綠色廣斧螳（右方）與較難見到的褐色型號廣斧螳（左方）一同亮相。褐色型號的出現相信是為了適應因季節變動而出現的新生態環境。

一些昆蟲，例如螳螂、草蜢的體色，會跟隨季節環境的變化而改變，自綠色、綠色中帶褐色，甚至全身呈褐色（圖八），目的是同步適應生境內植物不同季節生長的情況，更有效地適應環境變化而保護自己。

一些昆蟲如鳳蝶類的蛹，本來是以翠綠而光滑的體色來融入寄主的枝葉生境內，但亦可以隨着身處的生境變化作適量的蛹體表面改變。例如，玉帶鳳蝶結在柑桔寄主上的蛹（圖九）和結在南非葉上的蛹（圖十），顏色及蛹體嫩滑程度有明顯差異，主要是順應結蛹所在的環境轉變而作出相應的適度融合，以加強保衛自己的能力。

圖九

在柑桔樹變蛹的玉帶鳳蝶，蛹的顏色、形狀和光滑程度與寄主相若，用盡保護色的好處。

圖十

當玉帶鳳蝶幼蟲爬上有短毛的暗綠色南非葉植物枝幹結蛹時，鳳蝶蛹的顏色也變為啞綠色，而體表也失去平時的光澤，其適應生境轉變的能力令人佩服。

圖十一

鳳蝶幼蟲被放進褐色網架內飼養一段時間後，結成的蛹也變成褐色，蛹的體表凹凸不平和沒有光澤，顯示牠會隨生境轉變作融合的適應力很強。

兩年前的一個春天令我留下難忘的經歷，當時我在露台的柑桔樹發現了數條玉帶鳳蝶幼蟲，我留下三數條給自己觀察和拍攝外，把兩條送給朋友經營的幼稚園作教育用途。由於鳳蝶幼蟲成長快速，學校情急而隨機地利用教授烹飪用的褐色網架來規範牠們，以防幼蟲逃脫。誰知數天後，兩條幼蟲都變成難以辨認為玉帶鳳蝶的蛹，因為蛹的體表呈褐色而又凹凸不平（圖十一），與平時所見的嫩滑、青綠的蝶蛹迥異（圖九）。但兩組鳳蝶蛹最終都蛻變為正常的玉帶鳳蝶，顯示出鳳蝶幼蟲在變蛹過程中，有適應環境的特殊融合能力。

同樣地，匿藏於玉米花序的食蚜蠅幼蟲也假扮成玉米的幼小花蕾或穀粒（圖十二、十三），若然牠們不移動，就算經驗豐富的老農，也輕易被牠的偽裝妙技騙到。此外，尺蛾幼蟲融入生境的技巧也十分了得，尤其是扮演植物的小枝條（圖十四）。

圖十二

匿藏於玉米花序的短刺刺腿蚜蠅幼蟲，假扮成玉米的幼小花蕾，扮相天衣無縫。

圖十三

只有食蚜蠅幼蟲移動時，才露出牠們的真正身份。

圖十四

阿擬霜尺蛾幼蟲除了身體成功扮演茴香的小枝條外，更張開牠的前四腳和頭部，趣怪地假裝成花序上的小花蕾。

除了以單純、沉實的體色作保護外，昆蟲在運用體色上可以相當多元化，例如加入其他顏色的斑紋和色帶（圖十五、十六），演化出各式各樣融入生境的保護策略。斑紋和斑帶令昆蟲不易被看出牠的原形，還可製造錯覺，令捕獵者眼花撩亂（圖十七），加強被獵昆蟲的生存機會。

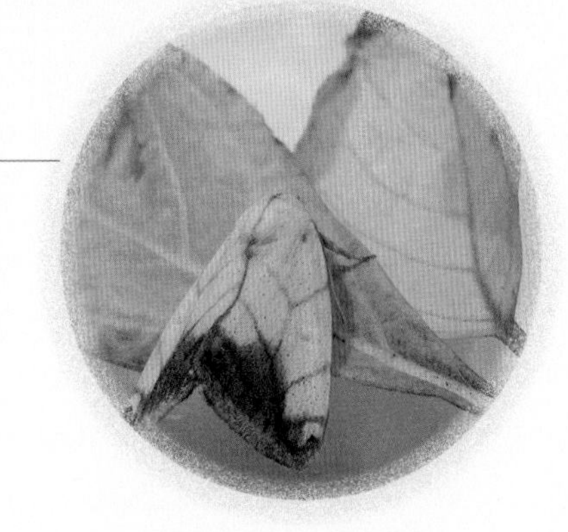

圖十五

犁紋黃夜蛾翅膀上有褐色條紋，與身旁的黃葉相似，翅尾端帶有不規則的深褐斑紋，使捕獵者難以辨認牠是一隻蛾。

圖十六

橙帶藍尺蛾的藍啡體色加上一個橙色環紋，其中還具有褐斑點，伏在黃葉上看似葉子的一部分，產生了隱身的作用。

有些昆蟲除了採取保護色外，更進而把自己身體某部分演化成酷似生境的一些物體，例如一些罕見的綠螽斯把前翅演化為葉片形狀（圖十八），更有效地隱藏自己，令保護色發揮得淋漓盡致。

圖十七

夾竹桃白腰天蛾擁有綠色保護色，伏在寄主長春花的葉上，保護作用相當見效。再加上牠身上和翅膀上的斑紋、假眼紋和斑帶，更令捕獵者眼花撩亂，難以察覺。

圖十八

罕見的綠螽斯的前翅已演化為葉片形狀，翅上還有葉脈，假扮綠葉維肖維妙，整隻昆蟲可說完全融入生境。

2.16 有樣學樣保生長

昆蟲透過模仿生境的一部分，例如棲息植物的不同組織、捕獵者不喜歡的事物，或有殺傷力的其他動物的形象，便能把自己置身於較安全的境界。這種行為在生物學上稱之為「擬態」(mimicry)。大致來說，模仿的形式可分為兩類。其一就是靜態型，主要是模擬環境中物體的顏色和形態。其二就是動態型，目的是模擬其他動物物種的體色和外型。有關第二類的擬態，請參閱「2.17 擬態大師齊獻技」一文。這節就先介紹牠們充滿創意、有樣學樣的靜態型模擬方式。

昆蟲透過模擬環境中物體的顏色和形態，讓自己不易被天敵察覺，而達到保命求生的目的。最普遍被模仿的靜態物體當推生境內植物的各種組織，例如綠葉（圖一、二）、枯葉（圖三、四、五）、葉蕾（圖六）、漿果（圖七、八、九）、短枝條或小樹莖（圖十至十三）、節莖（圖十四）、樹刺（圖十五）、樹皮（圖十六）等。

從以下圖片顯示，幾乎任何植物的部分都可以被昆蟲模擬，其中，最多被模仿的物體當推植物的葉和莖。在採用擬態其他物體的昆蟲中，以螽斯一族最擅長冒充樹葉，尺蠖蟲最喜歡扮演短枝條，而竹節蟲是偽裝小樹莖的高手。表面看來，模擬靜態物體是較消極的方法，但如果效果逼真，能成功令天敵不發覺自己的所在，危機已解決了一大半，所以不要少覷這類保命法寶。

圖一

玉帶鳳蝶的蛹，表面光滑碧綠，模仿葉子十分逼真。

圖二

疹點掩耳螽是螽斯一族，體色淺綠，翅膀具縱向的翅脈，連自己的六條腿都斜向伸展，模仿葉脈維肖維妙。

圖四

斜紋帶蛾扮演剛枯黃的落葉，效果無懈可擊。

圖五

枯葉蛾扮演乾透了的枯葉，連葉邊也乾到捲曲，不由天敵不受騙。

圖三

癘角壺夜蛾（頭在右方），倚在枝葉上，模仿正在枯乾還帶有摺疊的枯葉，入形入格。

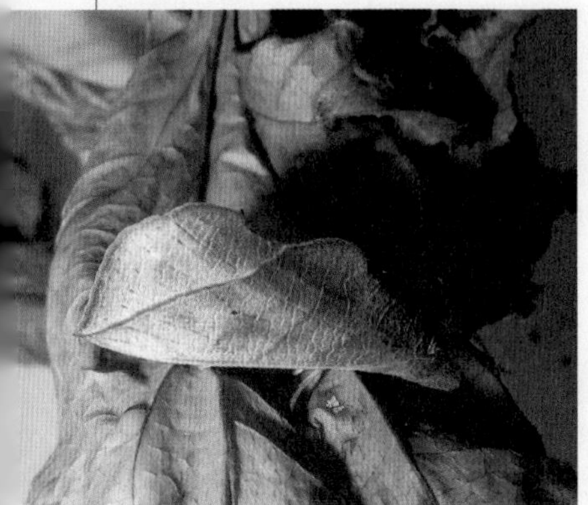

圖七

從這角度看，蓮霧赭瘤蛾的綠色圓胸真像馬纓丹未成熟的漿果（參看圖八）。

圖八

馬纓丹的漿果。承托着漿果的果柄（果的左邊），是壯大了的前花托。

圖九

蓮霧赭瘤蛾幼蟲的胸部和腹部，長相恰似馬纓丹的漿果和果柄（上圖）。

圖六

短刺刺腿蚜蠅的蛹也不甘寂寞，參與扮演葉蕾角色，隱藏身份十分成功。

圖十

楓香樹的短枝條，原來也是尺蠖蟲模仿的對象。

圖十一

尺蠖蟲是模擬短枝條的高手，除了模仿度很高外，牠還可以長時間地靜止不動。

圖十三

竹節蟲是偽裝小樹莖的高手，移動時又步伐緩慢，不易被天敵發現。

圖十五

一隻廣翅蠟蟬伏在樹莖上，扮演樹刺來矇騙天敵。

圖十二

阿擬霜尺蛾幼蟲正扮演豆角藤的短枝條，同樣可以長期一動不動。

圖十四

兩條狹帶貝蚜蠅幼蟲假裝馬利筋的莖節，扮演功夫了得。

圖十六

大斑丫枯葉蛾幼蟲假扮樹皮，十分逼真。

2.17 擬態大師齊獻技

上一節探討了昆蟲模仿生境中物體的顏色和形狀的靜態型擬態。我在這節會介紹昆蟲模擬其他動物物種的體色和外表的動態型擬態行為。

弱小的動物如多數的昆蟲都會淪為獵物，其中一些品種會模仿捕獵者不喜歡的事物、或有殺傷性的其他動物形象，利用被模仿者體色和形態，發出警告訊息來虛張聲勢，務求嚇走天敵，把自己置身於較安全的境界。這種動態型的模擬行為比靜態型的行為較進取，至少模仿者不須靜伏於生境內，可以自由地四處走動、飛行、覓食和找尋配偶等。

擬態對象要有威懾力

這些昆蟲為了躲避天敵，外表要模仿另一種具備有效防禦利器的昆蟲。通常擬態的對象是牠們的天敵懼怕、不敢吃、不願吃或不喜歡吃的昆蟲。在眾多昆蟲模仿者中，原來牠們最屬意於模擬具有黑底黃條紋的蜜蜂和胡

圖一

黃腳胡蜂具有典型胡蜂的黑底黃條紋體色，由於胡蜂有猛烈的攻擊性和毒針，令多種昆蟲對牠產生畏懼。

圖二

胡蜂的攻擊性和毒針令不少捕獵者懾服，典型胡蜂的黑底黃條紋體色，也被不同的獵物昆蟲如圖中的黃體鹿蛾模擬採用，以嚇退天敵。

圖三

伊貝鹿蛾也參與模擬胡蜂的體型和體色，牠的假扮功力應與黃體鹿蛾不相伯仲。鹿蛾雖看似蜂類，但不同的是，身體和翅膀都蓋有鱗翅目特有的小鱗片。

蜂一族，模擬對象包括：胡蜂屬（圖一）、側異腹胡蜂屬（圖四）和馬蜂屬等。這些蜂類，特別是胡蜂，有猛烈的攻擊性和毒針，讓多種獵食者對牠們產生畏懼，因此鹿蛾（Wasp Moths）（圖二、三）、瓜蠅（Melon Flies）和實蠅（Fruit Flies）（圖五、六），以及食蚜蠅（簡稱「蚜蠅」，Syrphid Flies）等昆蟲都不約而同擬態胡蜂類的體色和外表，以間黃間黑的鮮明色彩為體色，好讓天敵相信牠們不是好惹的一族。

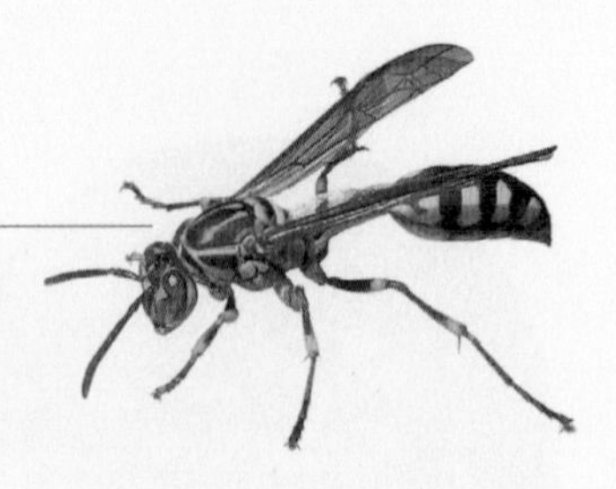

圖四

變側異腹胡蜂（俗稱「米仔蜂」）個子比胡蜂修長及細小，這一屬的體型與實蠅較相似，是後者的擬態對象。

圖五

瓜實蠅（簡稱「瓜蠅」）體型和體色圖案模擬蜂類很成功，加以雌蠅尾部有針狀產卵管，所以又名「針蜂仔」。

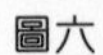

圖六

實蠅與瓜蠅是同屬近親，冒充蜂類的體型和體色圖案同樣出色。

不蜇人的蜜蜂

模仿蜂類最逼真的莫如食蚜蠅，牠們有被稱為「不蜇人的蜜蜂」。形態各異的食蚜蠅通過模仿蜜蜂（圖七至十）等蜂類來達到躲避天敵的目的。牠們不僅體色上充分模仿蜂類，有些品種如短刺刺腿蚜蠅在飛行中還會發出嗡嗡聲。這是我於實驗室內觀察蚜蠅在飼養皿中飛行時親耳聽到的。

從以下的圖片看來，蚜蠅和實蠅模擬蜜蜂幾達天衣無縫的地步，令天敵們感到真假難分。但我們人類仍可循生物分類的方法把牠們分辨出來，例如蚜蠅和實蠅屬雙翅目，只有一對翅膀，而蜂類屬膜翅目，擁有兩對翅膀；此外，蠅類只有短小觸角，而蜂類的觸角明顯較長（可以圖四和圖五作比較）。

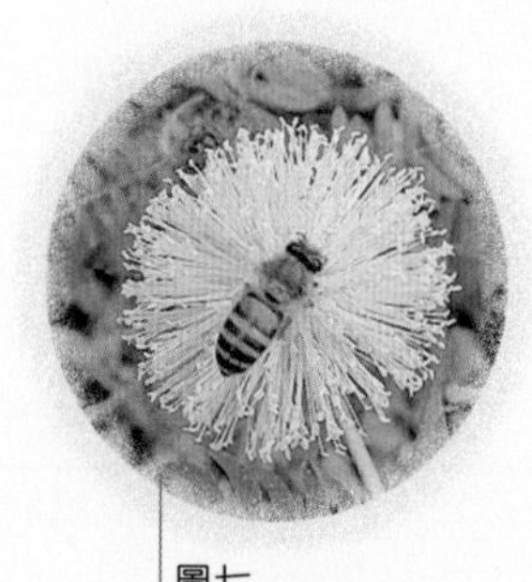

圖七

被其他昆蟲，尤其是蚜蠅揀選為模擬對象的蜜蜂。

圖八

模仿蜜蜂維肖維妙的蚜蠅一族中的黑帶蚜蠅。

圖九

短刺刺腿蚜蠅用淺黃間黑的體色模擬蜜蜂，成效同樣卓越。

圖十

黃腹狹口蚜蠅以窄條黑帶間啡黃體色來模仿蜂類，也很成功。

模仿螞蟻的蜘蛛

螞蟻（圖十一）之所以被跳蛛科內的蟻蛛屬揀選為模擬對象，相信是因為不少螞蟻物種能透過噬咬或刺叮的方式來保衛自己和牠的巢穴，通常還可以召集羣體成員進行防禦，因此捕食者會避免捕食像螞蟻此類的獵物。

身體光滑的蟻蛛屬蜘蛛，外表落盡工夫，身材特別長，看起來更像螞蟻，身體也明顯偽裝為頭、胸、腹三部分（頭胸部只是略為收窄，但實質上仍和其他蜘蛛一樣只有兩部分）（圖十二）。為了完善偽裝，牠們只用三對後腳行走，並將最前一對腳高舉過頭頂，不停搖擺來模仿螞蟻的觸角。再者，牠們甚至模擬螞蟻獨特的走路模式：快速、不停息而又帶些左右漂移的步伐，假扮得維肖維妙。我還記得十多年前在石崗觀音山扶手鐵管上第一次見到蟻蛛時，也曾短時間被瞞騙過，以為牠是螞蟻的一種！

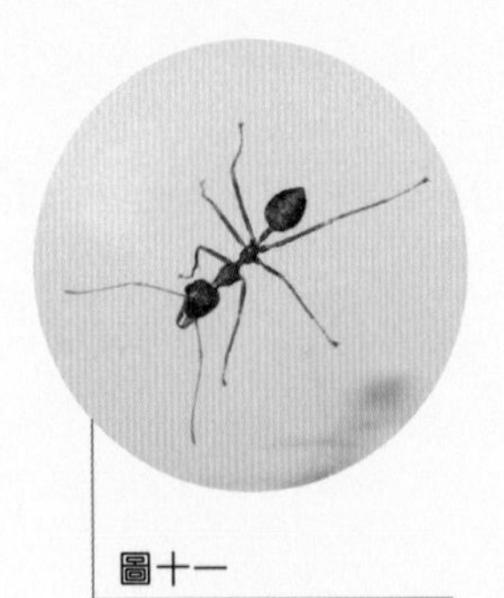

圖十一

黃猄蟻生性兇悍，攻擊性強，因此被蟻蛛揀選為模擬對象。

圖十二

石崗山上的蟻蛛，擬態黃猄蟻絲絲入扣，除頭胸部有收窄外，還把一對前足高舉搖晃，模擬螞蟻觸角的舉止，不想留下絲毫破綻。

蟲假蛇威

昆蟲為求生存，模擬有威嚇性的對象，有時近乎不可思議。一些蛾蝶類，如粉蝶、鳳蝶和天蛾的幼蟲，選擇了冒充小蛇來自衛，造型逼真中又帶點可愛成分。牠們如何知曉自己的雀鳥天敵會懼怕蛇類，確實耐人尋味，這又間接道出了大自然中蘊藏了不少奧秘！

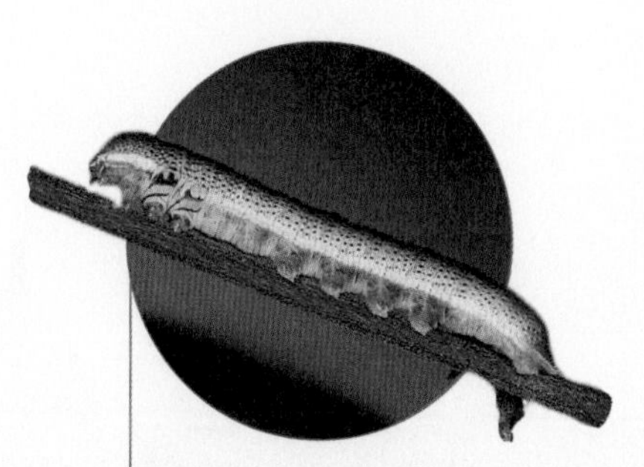

圖十三

鶴頂粉蝶的初齡幼蟲模擬小蛇功夫了得，除身體上看似蓋滿蛇類的鱗片外，在胸板上像眼睛的眼斑中還具有黑色的瞳孔，好像在威嚇地凝視牠的天敵。

圖十四

玉帶鳳蝶的終齡幼蟲除了在脹大了的胸板上具有一對像小蛇的眼睛斑紋外，牠還可以在感到危機來臨時，從頭胸間伸出如蛇舌的紅色丫形臭角，更令天敵確信牠是不可惹的小蛇。

圖十五

鳥嘴斜帶天蛾的高齡幼蟲也善於模擬小青蛇，牠胸部的形狀恰似蛇頭，其背板像蓋滿蛇身的鱗片外，一對假眼斑看似瞪大的蛇眼，眼白的地方還帶紅斑，極像盛怒的小蛇。

2.18 立體3D影像的始創者

唸中學時第一次接觸到幾何科，看到平面三角形或四方形的深淺色圖案，可帶出 3D 立體效果，印象深刻及記憶猶新。就如圖一的一組四方形，在感覺上可以看出一個個四邊立方體。更奇妙的是，在我們凝視下，黑色的四方形可以是立方體的頂部；但當我們再看時，黑色的部分也可以變為立方體的底部（圖一）。這種變幻影像的立體 3D 感覺，原來也被一些聰明的昆蟲發展到用來遮蔽自己（圖二），擾亂天敵的視覺，令後者不易察覺自己的存在，達到保命的目的。

圖一

幾何平面四方形，帶出的立體 3D 幻覺的效果。

圖二

懂得採用立體 3D 凹陷感覺的尖裙夜蛾（右）與人類設計的三角形 3D 圖案（左）很相似，尤其是兩圖的下方。

我所遇到能運用這種方法保命的昆蟲，都是蛾類成蟲，包括臭椿瘤蛾、艷落葉夜蛾和鑲落葉夜蛾。牠們本身雖然已經模擬枯葉，但同時也懂得利用 3D 立體幻象的方法來瞞騙天敵，若果這兩招仍然失效，牠們還有終極一招，那就是突然把前翅快速外展，爆炸性地顯露潛藏在後翅的黃底黑斑怪異警戒圖案，令來敵措手不及而被嚇退，而這些蛾類獵物便可能因此而成功保命！

以下讓我和各位分享這幾個精靈品種的超卓立體 3D 技巧。2015 年 11 月，在沙田馬料水研究田工作的朋友傳給我兩張相片，影像很特別，伏在紗網的標本形象怪異，稍稍像一片枯葉，但乾涸木訥的外表，叫人肯定牠是一塊死物。從側面看，有點像倒掛的墨硯（圖三），正面看時又似一輛小坦克（圖四），也像一架沒有上蓋的貨車。黑、白、灰色的深淺立體 3D 效果明顯，兩邊深黑色令人感覺是凹陷的位置，但下方及左側的兩條附贅物已把這謎樣的身份揭開，它們是昆蟲的腳！原來這古怪模樣的標本是一隻不常見的臭椿瘤蛾（學名：*Eligma narcissus*）（圖五）。

圖三

像枯葉又像倒掛墨硯的怪東西，原來是一隻臭椿瘤蛾。

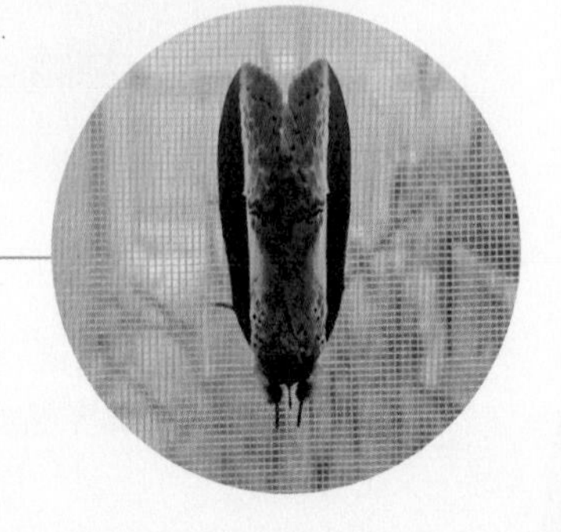

圖四

正面看像坦克、也像貨車。黑、白的深淺顏色所造成的立體 3D 幻覺教人無從捉摸臭椿瘤蛾的身份，更遑論牠的天敵。

圖五

在光線充足下，臭椿瘤蛾的真面目顯現出來；先前的古怪形象原來都是立體 3D 所造成的幻覺效果而已。

雖然得到擬態枯葉和立體 3D 幻覺的雙重保護，但臭椿瘤蛾仍預備了第三招，當牠受到驚嚇時，會盡量張開前翅，突現橙色的後翅及橙色帶黑斑的腹背組成的警戒圖案（圖六），以求最後一擊嚇退來敵。

圖六

受到驚嚇時，臭椿瘤蛾會盡量張開前翅，突現橙色的後翅及橙色帶黑斑的腹背，以嚇退來敵。

2015 年 10 月一個晚上，新界新田一位農友傳給我一張怪異圖片（圖七），直覺上是一片捲曲了的老葉黏在門上，還好葉片邊緣出現三條短短的附贅物，這顯然是昆蟲的腳。乾枯的形態令我覺得這標本應該已死了多時，但我仍抱有希望，於是急電這位朋友，請他代我收集這標本，並詢問他那昆蟲是否還活着，知道答案是肯定後我感到很雀躍。

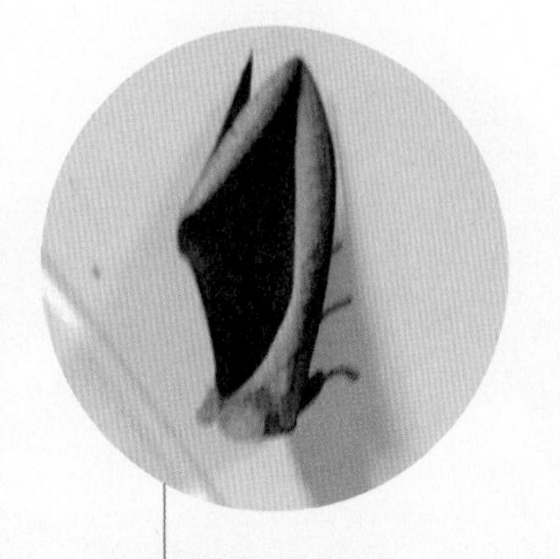

圖七

在新界村屋內的房門上，拍攝到像捲曲枯葉的圖片。

第二天，收到這怪異標本後，便馬不停蹄地觀察和拍照。光線的強弱和拍攝的角度令這個深藏不露的神秘怪客逐漸露出真面目，原來牠是一種善於製造立體 3D 影像效果的豔落葉夜蛾（學名：*Endocima salaminia*）。在不同的光線下，標本出現了不同的有趣影像，在光線陰暗下牠的樣子與朋友傳給我的相片（圖七）很相似，但轉着看卻似兩片帶着種子的乾葉（圖八）。光線加強後，標本中間出現了墨綠色（圖九），乾涸枯葉的形象減少了，但立體 3D 幻象帶出了下陷的幻覺，加上兩邊的褐色，仍令人

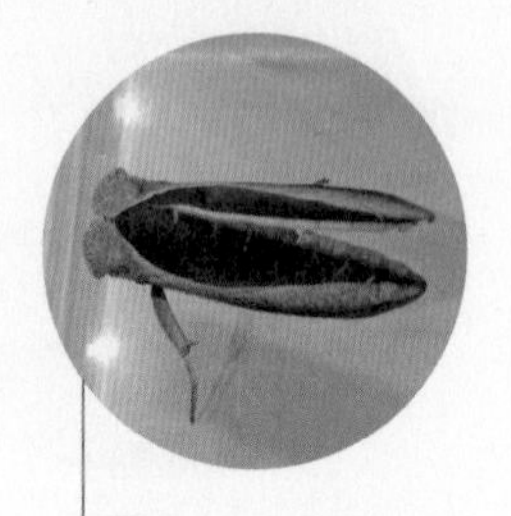

圖八

光線不足下的活標本，很像兩片附着種子的乾葉，擬態枯葉十分出色。

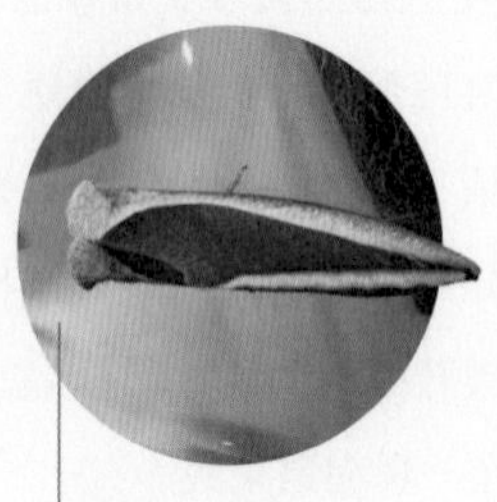

圖九

光線加強後，標本中間出現了墨綠顏色，乾涸形象減少了，但立體 3D 帶出了下陷的幻覺，所以看去仍像捲曲的葉子。

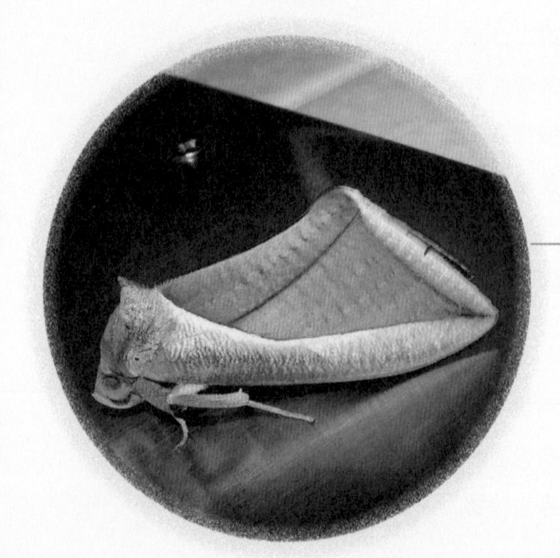

圖十

光線再加強後，立體的感覺更強，整隻標本可說像開始變乾的落葉；又或看似一個三角形的取水器皿，中間墨綠帶暗紅的位置，就是器皿的底部。

感覺是一片正在乾涸捲曲的葉子。當光線再充足且又從其側面拍攝時，昆蟲的眼部和前中足都可見到，但立體的感覺更強，看似一個三角形的取水器皿，它的邊緣捲曲，而中央底部綠色（圖十）。當再從昆蟲的頭部看，整隻夜蛾的模樣變為清晰，一對翅膀都平面斜放在夜蛾腹背上，一點捲曲也沒有，而這個角度就是 3D 幻覺效果最少的位置，亦是艷落葉夜蛾最真確的樣貌（圖十一）。

圖十一

光線充足時，一隻正常的艷落葉夜蛾出現在眼前。以前中間像凹陷的位置，其實是前翅綠色的部分，而令人感覺捲曲了的褐色葉邊，原來根本沒有捲曲，只是立體 3D 效果做得太好吧！

圖十二

受驚擾時，艷落葉夜蛾會盡展前翅，露出橙色帶有大黑斑的後翅，看似女巫形象，用以嚇退敵人。

從以上所見，艷落葉夜蛾的確是立體 3D 幻覺的高手。但為了確保生存，這品種還再有一手，就是當受驚擾或感覺危急時，會突然展盡前翅，露出橙色帶有大黑斑的兇惡女巫樣貌的後翅（圖十二），以嚇退敵人。

2015 年 12 月的一天，馬料水的朋友又傳來一張古怪的照片（圖十三），牠看似一塊捲曲的青色與褐色混雜的枯葉，於是忽忽往那裏收集標本。細看下原來是

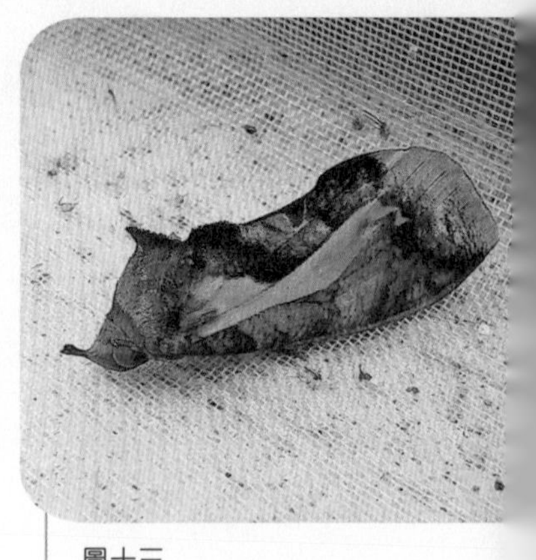

圖十三

在馬料水研究田出現的疑似昆蟲物體，驟看上去像一片暴曬過而變為扭曲不規則的枯葉。

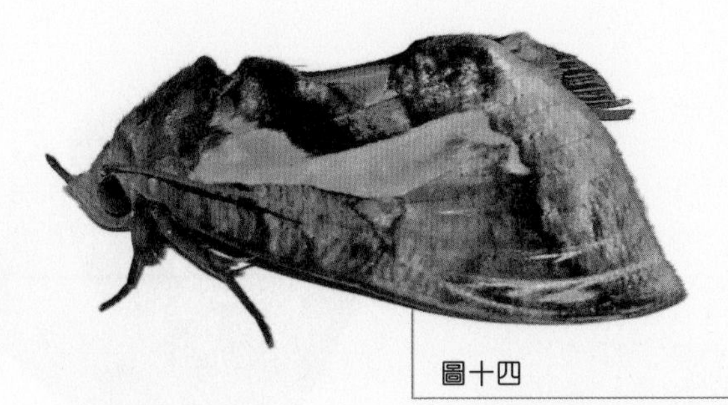

圖十四

在充足光線下，昆蟲的特徵：觸角、眼、腳和翅膀都開始顯現。

一隻鑲落葉夜蛾（學名：*Endocima homaena*）。這品種與豔落葉夜蛾同屬裳蛾科（Erebidae），同樣模仿枯葉，不過此蛾的前翅以褐色為主，特別之處在配上不規則的綠色縱紋，顏色與圖案表面混亂，但亦因此帶出特別的立體 3D 幻覺，看去像一小團經過暴曬而摺皺了的枯葉（圖十三至十五），令天敵不屑一顧，達到了保護自己的目的。

圖十五

從上方看，前翅棕啡主色配上不規則的綠色縱紋，再加翅尾的棕色變化圖案，營造了一團摺皺了枯葉的立體 3D 幻覺，令天敵不易察覺。

圖十六

鑲落葉夜蛾在受驚時也會盡展前翅，顯露橙色帶黑斑的後翅，形象似獅子頭，來勢凶猛，用以嚇退來敵。

不知是否基於「英雄所見略同」的道理，鑲落葉夜蛾跟臭椿瘤蛾和艷落葉夜蛾一樣，在受驚時也會盡展前翅，顯露橙色帶黑斑的後翅，圖案似雄獅頭部（圖十六），威猛中帶點可愛，可謂出盡法寶，務求驅趕來敵。

上述的三種蛾，不約而同都懂得運用立體 3D 設計，各出奇謀地創造各有特式的視像幻覺，瀟灑自如地來瞞騙天敵以保性命。根據化石及琥珀紀錄，昆蟲已經存活了約五億多年，牠們比人類更早出現，應該比人類更早懂得採用立體 3D 技術，所以稱牠們是立體 3D 的始創者也不為過！

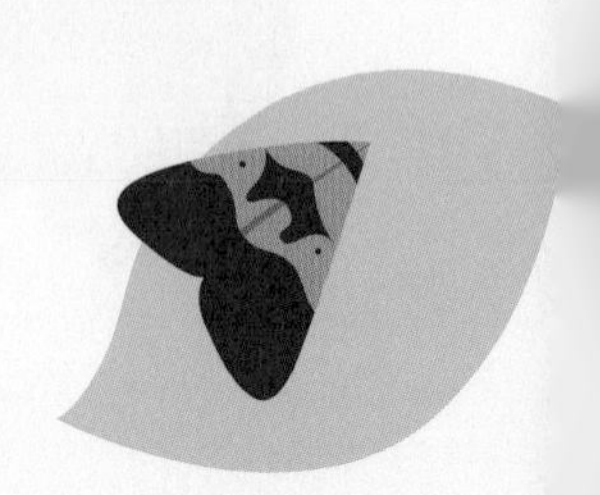

2.19 警戒色

一些昆蟲因為身上具有毒性物質，故以十分奪目鮮艷的體色，來表示牠們的危險性或是味道不佳，使天敵不敢輕舉妄動捕食牠們，因而達到保命的效果。這種以旗幟鮮明的體色來威嚇或警告敵人不要來犯的手法，就是生物學所謂的「警戒色」。

這類昆蟲中，有些是因為所吃的食物含有特殊物質，透過累積後身體的味道變差或含有毒素，引致捕食者進食後會有不適現象。於是利用鮮艷色彩令捕食者留下深刻印象，使其下次不敢再犯，這就是警戒色所得到的保護效果。以金斑蝶為例，牠的幼蟲取食馬利筋，將毒質留在體內，幼蟲體色為黃、白、黑條紋相間的警戒色（圖一），而蛹和成蟲都具有鮮艷的警戒色（圖二、三）。

圖一

金斑蝶幼蟲取食馬利筋的葉片，把毒素留在體內，幼蟲身上以黃、白、黑紋來警戒天敵不要來犯。

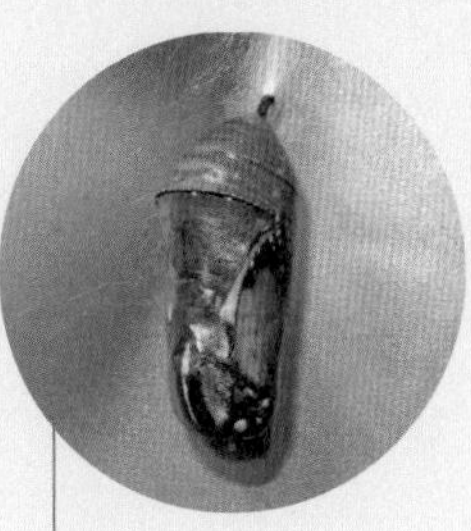

圖二

金斑蝶幼蟲體內的毒素繼續傳留至蛹和成蟲階段，蛹殼於是也採用鮮艷警戒色彩以作保護。

圖三

金斑蝶（學名：*Danaus chrysippus*）成蟲體內也有毒素，於是採用有強烈對比的鮮黃和黑白斑點色彩圖案來警戒天敵。

另一些是具有毒針的危險者，牠們就是黑體色帶有黃條斑紋的胡蜂（又稱「虎頭蜂」、「黃蜂」）（圖四），和牠的蜂類近親包括長腳蜂、蜜蜂（圖五、六）等。牠們都以典型的黃黑條警戒色來加強嚇敵效果。

圖四

黃紋大胡蜂（學名：*Vespa soror*）是虎頭蜂一族的表表者，有毒針的攻擊，生相兇惡，望之而生畏，是塑造黃間黑的強烈警戒色主角之一。

一種有趣的現象是，兩種或兩種以上有毒或味道不佳的昆蟲，例如胡蜂與眼斑芫菁（圖七），彼此之間有互相擬似的特徵（黃、黑間斑紋），這不但使捕食者不敢追捕，也加強捕食者對這種警戒特徵的記憶與辨認，減少昆蟲被捕食的機會。

此外，很多瓢蟲身上帶有黃色、紅色和黑色的斑紋（圖八），當牠們受到刺激時，腳關節會分泌一種帶有苦味的液體，讓鳥兒不敢吃下牠，於是擴大了警戒色的效果。

又如毒蛾的幼蟲（圖九）及一些日行性蛾類（圖十），都具有強烈的顏色和花紋，用以警告天敵鳥兒，牠們可不是好吃的！

圖五

長腳蜂族羣成員之一：果馬蜂（學名：*Polites olivaceus*），體色是典型的黃間黑胡蜂警戒色。

圖六

蜜蜂也有毒針，體色是典型蜂類的黃間黑警戒色。

圖七

眼斑芫菁體內含有毒素，體色也是蜂類的黃間黑，這些相類的警戒特徵，增強天敵的記憶，減少獵物被捕食的機會。

圖八

不少瓢蟲身體除帶有奪目鮮艷的警戒色外，還能從腳的關節釋放出苦味液體，加強警戒色效果。

圖九

棕斑澳黃毒蛾幼蟲身體帶有強烈的色彩和斑紋，傳遞警告訊息：牠是不好吃的。

圖十

虎紋長翅尺蛾是日行性蛾類，身體及翅膀帶有強烈對比的橙底黑斑點，作為警戒色以驅嚇天敵。

警戒色彩通常由紅、黃、黑、白等顏色組成，甚至互相間開（圖一、四、五、六、七）或加入各式各樣的斑紋（圖三、八、九、十），增加奪目程度和警戒效果。還有一些昆蟲，特別是甲蟲如叩頭蟲、金龜子（圖十一）、虎甲（圖十二）等，用漂亮奪目的金屬光澤作警戒色來唬嚇天敵，告戒牠們不要來犯。

警戒色的特質是使自己表現得與環境不同，讓自己容易被發現，這類昆蟲一般都具有潛在傷害性，所以透過警戒色來驅嚇天敵。這與保護色採取隱藏自己於環境中的方向相反。雖然看似南轅北轍，背道而馳，但其實目標一致，就是要保護自己，使物種延續下去！

圖十一

白點星花金龜用閃亮的金屬光澤作警戒色來唬嚇天敵。

圖十二

體色亮麗帶有閃耀金屬色彩斑的金斑虎甲（學名：*Cicindela aurulenta*），警戒色非常奪目，應可令天敵望而生畏。

2.20 可大可小的眼斑

在適者生存的自然定律下，不少昆蟲因為要保命求生，各自演化出不同的自衛方法。在前幾節我已談及昆蟲如何透過保護色和擬態來隱藏自己或瞞騙天敵，讓自己處於較安全的境界。在演化過程中，一些昆蟲進一步利用各式各樣的斑紋和斑條來迷惑、欺騙或愚弄捕食者，當中較常用的招式之一就是利用假眼斑。

大眼斑驅敵

假眼斑是蛾蝶類為主的成蟲或幼蟲身上像眼睛般的花紋，也可以說是牠們矇騙敵人的另一項奇謀花招。我們稱之為假眼斑，是因為它們出現於昆蟲的翅膀和身體，而不是在頭上。為方便起見，就簡稱它們為「眼斑」。眼斑有大有小（圖一），大的假眼斑用以恐嚇天敵，小的眼斑則可以作為轉移敵人攻擊要害的犧牲點。

圖一

矍眼蝶的翅膀具有大、小眼斑；大的在前翅，小的在後翅尾端。

具有大眼斑的昆蟲，通常出現於一些蛾類（圖二）、眼蝶（圖三、四、五），和蛺蝶（圖六、

圖二

魔目夜蛾的大眼斑配上黑瞳孔，很有神氣，加上牠由白帶條紋勾畫出的大口，似乎在對來敵說「哈哈！您已墮入我的圈套了，還不快些逃跑！」

七）類，牠們的身體或翅膀上（尤其是後翅）長有很像動物眼睛的眼斑。這些眼斑具有如野獸、猛禽或蛇類般的眼神，加上不少這類昆蟲遇到險境時會突然展翅露出後翅的大眼斑，可令來敵（通常是雀鳥）受到驚嚇而退卻，增加自己逃生保命的機會。

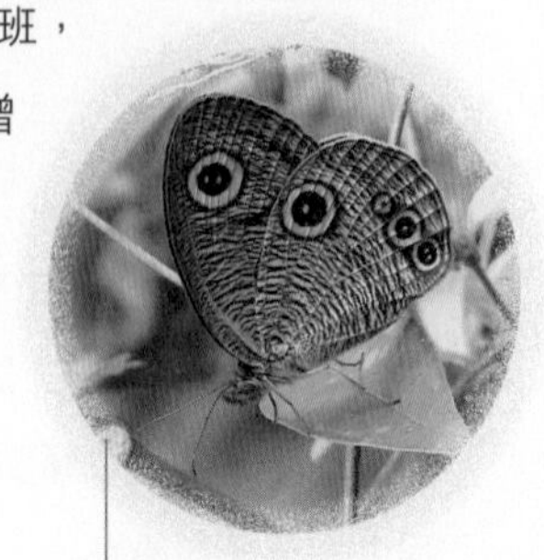

圖三

這隻眉眼蝶活像一隻野獸的頭部，前翅的一雙眼斑有目光炯炯的眼神，四翅合璧為一張面部，再以深褐色的身體充當長鼻子，不由天敵不受欺騙。

圖四

前霧矍眼蝶呼之欲出的大眼斑，令昆蟲的天敵小鳥誤以為是猛禽如鷹隼出現，於是逃生為先，覓食還是次要。

圖五

小眉眼蝶的奪目眼神看似猛禽、貓頭鷹、又或……。總之可令牠的天敵感到寢食不安，逃離現場而後快。

圖六

蛇眼蛺蝶摺起兩雙翅膀時，翅底的大眼斑配上顏色圖案，看起來像一個正向上望的蛇頭。

圖七

蛇眼蛺蝶張開前翅，顯露在後翅的大眼斑，似蛇又似猛禽，威懾力十足。

一些蛾類幼蟲，尤以天蛾幼蟲，胸部具有大眼斑（圖八），用來模擬蛇眼和蛇頭。受騷擾或驚嚇時，牠們還可再睜大眼斑（圖九），增加威懾力。

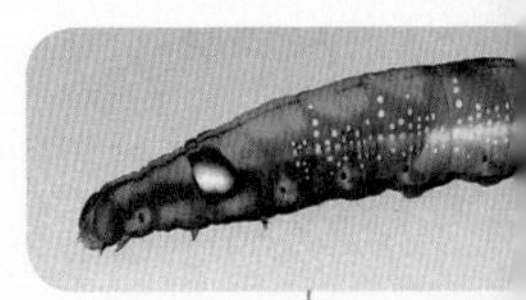

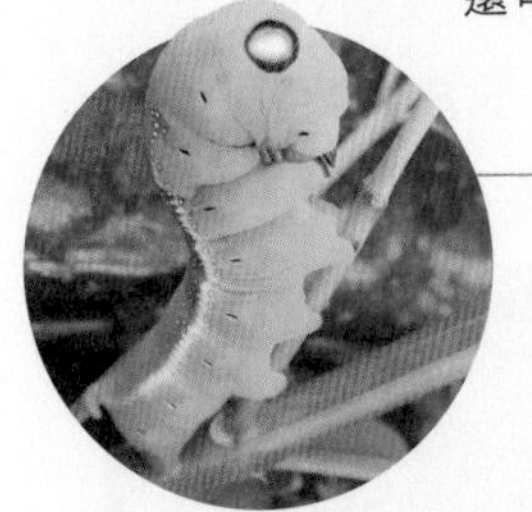

圖九

夾竹桃白腰天蛾幼蟲在胸背部長有一雙大眼斑。受騷擾時眼斑瞪得更寬大，增強對天敵的威嚇力。但我們人類反而覺得這趣怪樣子很可愛。

圖八

鳥嘴斜帶天蛾終齡幼蟲在第三胸節的大眼斑，模仿蛇眼絲絲入扣，尤以那凶猛而帶有陰險的眼神為甚。

小眼斑騙敵

昆蟲的小眼斑當然不足以驅嚇來敵，但如果適當運用，也可以從另一方面發揮保命作用。一些昆蟲如小灰蝶的尾端除具有小眼斑外，還配有酷似觸角的尾突（圖十、十一），個別小灰蝶品種更能把尾突左右搖晃，務求仿真。目的是誤導天敵小鳥以為那處才是頭部，從而轉移攻擊目標。另一些小灰蝶如銀線灰蝶（圖十二），雖然尾端沒有具備小眼斑，但有更為矚目的紅斑及數條短尾突，用以突顯尾端為頭部，希望更有把握地轉移那些攻擊快速的天敵，確保真正頭部的安全。

圖十

古樓娜灰蝶的小眼斑和尾突長在後翅尾端（左方），與右方的真頭和觸角相比，效果是以假勝真。

圖十一

亮灰蝶尾端的小眼斑以黑配深黃的對比，明顯較真頭及觸角搶眼，天敵自然易於中計。何況小蝶還特意把小眼斑放在上方當眼的位置。

圖十二

銀線灰蝶尾端雖然沒有小眼斑，但那不大不小的紅斑紋及黑色尾突已足以引起天敵的注意。

小灰蝶寧願犧牲身體上不太重要的尾翅部位，千方百計以保存頭部及自己的性命，創意及勇氣兼備，成功率自然較高，無怪乎郊遊者不時會遇上帶有損傷翅膀、劫後餘生的小灰蝶（圖十三、十四）。這般有深度的謀略出現於小昆蟲身上，真是難能可貴啊！

圖十三
沒有受到攻擊的小灰蝶尾端（圖右方），深色的小眼斑和尾突完整無缺。

圖十四
一隻小灰蝶被天敵攻擊後的情況。牠的右後翅尾端已缺了部分翅膀。

值得一提的是，蛾類幼蟲中也有採取這類愚弄天敵的手法，例如蔥蘭夜蛾幼蟲頭部和尾部的顏色、斑紋和形狀非常相似（圖十五），天敵難分真假。而犁紋黃夜蛾幼蟲（圖十六）則更把頭部顏色收斂，使其融入幼蟲體色和圖案中，反而以鮮紅顏色彰顯尾部，刻意誤導天敵那處才是牠要攻擊的頭部呢！

圖十五

蔥蘭夜蛾幼蟲尾端的斑紋顏色和形狀與頭部十分相似，令天敵迷惑。您能分辨出來嗎？

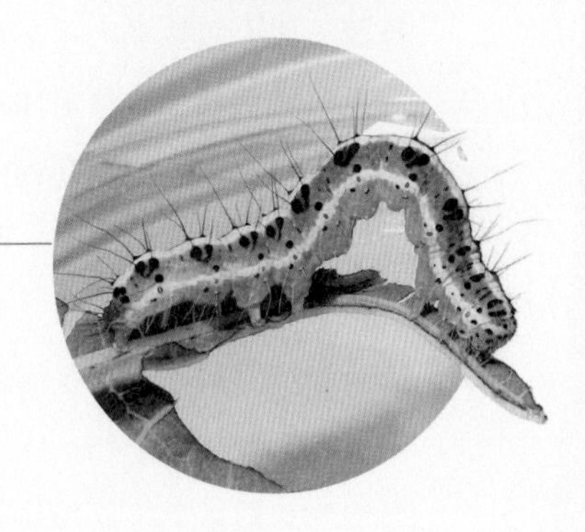

圖十六

犁紋黃夜蛾幼蟲尾端帶有鮮紅斑紋，頭部（圖右方）反而和體色一樣。故意騙敵之心，昭然若揭。

2.21 長毛與毒毛

一談到毛蟲，我們都會敬畏有加。毛蟲是蛾蝶類幼蟲的統稱，其中包括長毛的、多毛的、短毛的（如菜青蟲）（圖一）、甚至無毛的（如斜紋夜蛾幼蟲）（圖二）。

蛾蝶類幼蟲為甚麼長有毛刺呢？原來是為了協助抗拒天敵捕食。長毛及多毛（圖三、四）可令幼蟲身體輪廓模糊不清而隱蔽自己，又可用來加設一些物理障礙，使天敵無從入手。有研究發現，如果讓步甲蟲捕獵長毛和短毛的燈蛾幼蟲作比較，捕獵長毛幼蟲的成功率明顯比捕獵短毛幼蟲的為低，因為獵物的體毛比步甲蟲的大顎更長，會增加天敵的捕食難度。此外，有些品種毛蟲的背部還具有毛叢（圖五、七），或從頭端伸延出的牛角形束毛，以加強與來犯者的距離來自衛。

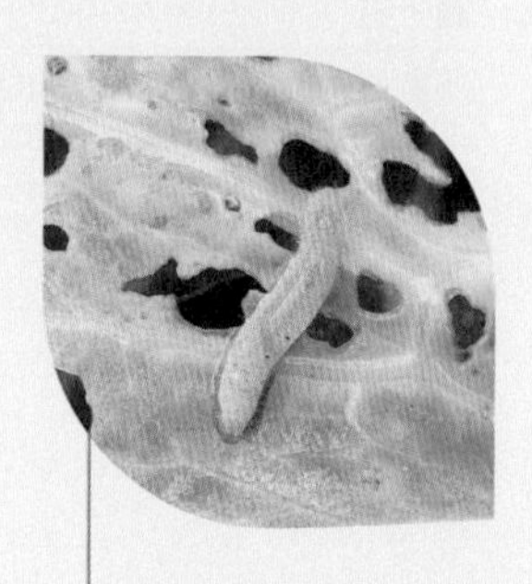

圖一

菜青蟲即菜白蝶幼蟲，身體帶有幼而短的毛，體色以綠色為主，以與寄主蔬菜葉色相像來保護自己。

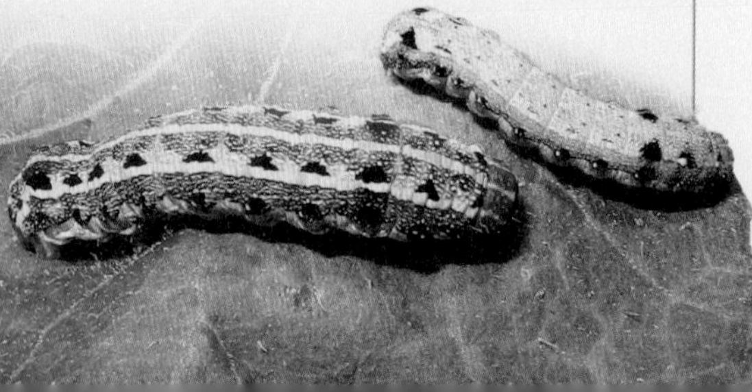

圖二

斜紋夜蛾幼蟲是食性廣的嚴重作物害蟲，體表看不出有毛，但在顯微鏡下可見到用來測探環境的官感性短毛。這個品種主要以體色吻合生境及一些黑斑點混淆天敵視覺來保護自己。

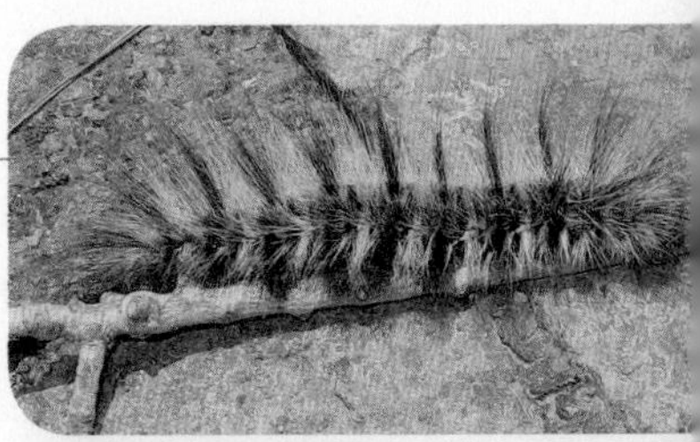

圖三

絲光帶蛾分佈於廣東地區，幼蟲身體滿佈濃密長毛，是典型以長毛禦敵的例子。

圖四

金毛獅王？一種披滿濃厚金色長毛的帶蛾幼蟲，形象甚具威嚇性。您夠膽用手觸摸牠嗎？

圖六

鉛茸毒蛾成蟲，屬毒蛾科的一個品種。

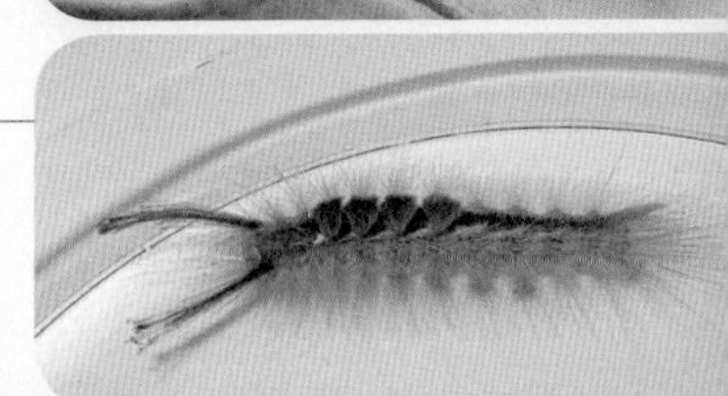

圖五

黑褐色的鉛茸毒蛾幼蟲，前腹背有四束毛叢，頭端（左方）還有一雙牛角形的長束毛，威嚇性和保護性都很強。

圖七

榕透翅毒蛾幼蟲全身帶有長毒毛，前腹背負有兩束褐色濃密毛叢。頭（圖左）後緣有兩枚紅斑，左右還有各一枚紅色球狀瘤突，身體帶有紅、黃、褐、黑的警告圖案，極盡威嚇天敵之能事。

毛的長短和多少其實與牠們是否有毒沒有直接關係。長毛和多毛型只佔毛蟲的少數，而毛蟲也不一定有毒，所以遇見毛蟲時，我們雖然要和牠們保持距離，但不必太驚慌。長毛尤其是配以顯眼的黑、紅或黃等鮮艷體色，往往讓人以為牠們有毒而不敢接近。有些品種如無憂花麗毒蛾（又名「線茸毒蛾」）（圖八），幼蟲身上除了滿佈耀眼黃色長毛之外，在前腹背上還藏有一片大黑斑，受驚擾時會收縮身體以盡顯大黑斑（圖九），務求嚇退天敵。

其實，在眾多毛蟲中，具備刺人毒毛的毛蟲只屬蛾蝶類的少數品種，主要出現於毒蛾科、枯葉蛾科和刺蛾科三類幼蟲。

以上提及的鉛茸毒蛾（圖五）、榕透翅毒蛾（圖七），和無憂花麗毒蛾（圖九）都是香港較常見的毒蛾，而最常見到的應是食性甚廣的棕斑澳黃毒蛾（圖十至十二）。這個品種的生活史對毒蛾科成員來說應有代表性，在此簡單介紹一下。

圖八

無憂花麗毒蛾幼蟲身體滿佈鮮黃耀眼的特長毒毛，像刺眼的太陽。前腹背還藏有一小黑斑（毛蟲左方），它就是幼蟲的秘密防禦武器。

圖九

無憂花麗毒蛾幼蟲的前腹背藏有的小黑斑，在危難時會突然擴大，顯露了黃、黑強烈對比警戒信號，用以震撼地嚇退來犯敵人。

棕斑澳黃毒蛾幼蟲外表奪目，黑色為主的體背上具有一條黃色包橙紅色的典型縱紋（圖十），體毛稀疏而長，頭部左右兩方都有橢圓形橙紅色瘤突，警戒效果明顯，食性很廣，寄主植物多，包活含有毒性的連生桂子花，幼蟲特別喜吃這寄主的花朵。幼蟲成長後吐絲結繭時仍保留長毒毛在繭的表面，待蛹羽化成蛾時，不少毒毛仍附在成蛾尾部，雌蛾就借用這些毛，輔以身上一些體毛來覆蓋卵子，使牠們受到毒毛的保護。

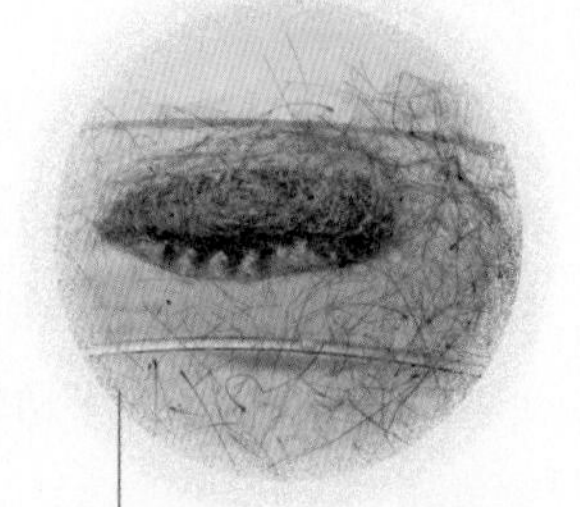

圖十一

剛結成蛹的棕斑澳黃毒蛾，蛹旁仍保留幼蟲的長毒毛，四對褐色腹足仍清淅可見。

圖十二

棕斑澳黃毒蛾體色淺褐，前翅尾端帶有數個黃斑紋。

圖十

棕斑澳黃毒蛾幼蟲背上的一條黃色包橙紅色典型縱紋，是這個品種的招牌圖案，雖然體毛比較稀疏，但外表仍令人生畏。

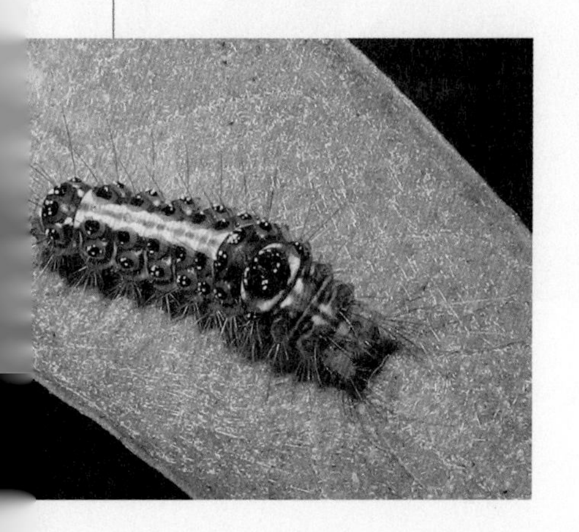

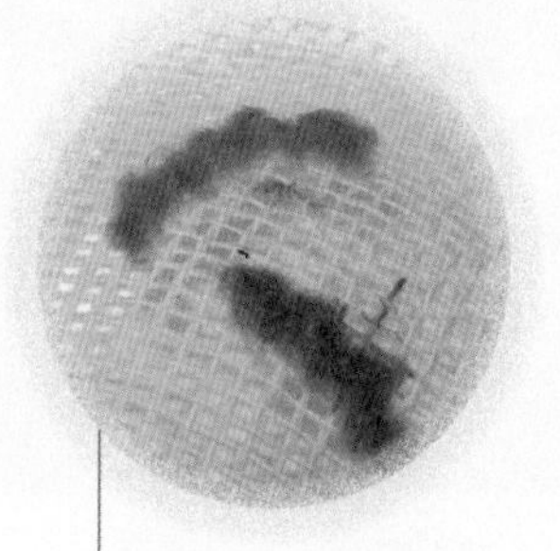

圖十三

棕斑澳黃毒蛾雌蛾產卵後，用身上的毒毛覆蓋卵粒，加以保護。

枯葉蛾幼蟲在體型上一般比毒蛾幼蟲大，通常幼蟲越大體毛也越長，長毛和多毛可令捕獵牠們的雀鳥不易進食。在本港枯葉蛾多出現於近郊樹木，並不多見。比較常見的包括青黃枯葉蛾（圖十四、十五）和大斑丫枯葉蛾（圖十六，請參閱「1.1 詭異的大斑丫枯葉蛾」一文）。

通常受到一般毒蛾毛蟲刺到後不久，就會開始感覺痕癢，因而誘發我們再搔患處，引致毒毛刺入皮膚更深位置，令感覺越來越不舒服。毒蛾和枯葉蛾因為間中有些品種例如漫星黃毒蛾（圖十七、十八）大羣出現的情況，會引致空中帶有破斷的毒毛，個別患有皮膚敏感的人士如路過受毒蛾幼蟲侵害的樹木附近，可能引起皮膚紅腫痕癢的現象。

圖十四

青黃枯葉蛾幼蟲的身體有多個小眼斑，體毛組成小束毛散置於身體兩旁，頭側有兩條長束毛。

圖十五

黃體色的是青黃枯葉蛾的雌性成蟲（雄蛾則是青色）。

圖十六

大斑丫枯葉蛾幼蟲的身體以褐色為主，有多個小眼斑在體背上，體毛組成小束毛散置於身體兩旁。

圖十八

漫星黃毒蛾成蟲。

圖十七

漫星黃毒蛾幼蟲腹部前端長有兩組叢毛，是毒蛾的特徵。與其他有相同習性的毒蛾品種一樣，喜羣聚樹幹凹陷位置找庇護，因此有較大機會令空氣中帶有破斷的毒毛，可引致行近人士皮膚敏感。

這三類有毒毛蟲之中，以被刺蛾幼蟲（圖十九至二十二）刺到時痛楚較深，會有觸電般的激痛。我便曾有兩次被刺蛾刺傷的經歷，一次是在 1950 年孩童期間修剪山指甲植物時用手意外觸碰到匿藏於葉底的黑點扁刺蛾幼蟲（圖十九）；另一次是 2012 年在伸手往背後拿取相機時觸摸到潛伏在相機上的斜扁刺蛾幼蟲（圖二十），兩次都令我印象深刻。

圖十九

黑點扁刺蛾幼蟲。

圖二十

斜扁刺蛾幼蟲的毒刺聚集於散佈身體的小柱上。

由此可見，毛蟲的毛是牠們賴以傍身的自衛法寶之一，毛的長短、粗幼、疏密、堅脆、顏色，再結合毒素以及表體的色澤和斑紋的配置，各適其適地被不同品種的毛蟲千變萬化地運用，以求達到一個共同目標：那就是驅嚇敵人和保護自己。我們除欣賞昆蟲的創意求生方法外，還可加深了解大自然中適者生存的定律。

圖二十一

三色刺蛾幼蟲的背上具有藍包紅色縱紋，體上散佈長有毒刺小柱。此外，頭、尾兩端還各帶有一對紅色的毒刺柱。

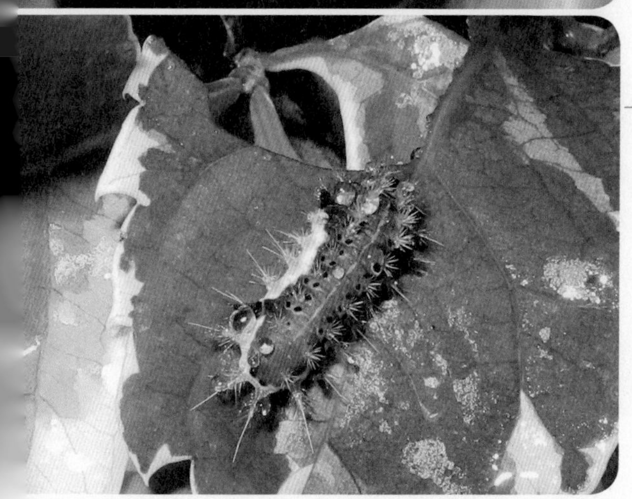

圖二十二

三點斑刺蛾幼蟲的體表以褐色為主，毒刺長在短柱上，平均地散佈身體各處。

2.22 以死求生——假死

要生存就要想辦法，有時就如行軍般，採用「虛則實之，實則虛之」的策略。昆蟲保衛自己的方法可以令人目不暇給，扮假死（俗語「詐死」）也是一些牠們慣用的策略。當遇到敵人又或受驚嚇時，有些昆蟲就會六腳一縮，跌在地上或枝葉間，一動不動地裝死，令天敵看不見，又或仍能看見，但面對僵硬的屍體，已失去捕食獵物的興趣。這些伎倆常見用於鞘翅目的甲蟲，特別是象甲（又叫「象鼻蟲」，weevils）（圖一至四）和瓢蟲（圖五、六），以及一些螢火蟲等（圖七、八）。

圖一

一種有型有款的長毛象甲。

圖二

長毛象甲一如很多品種的象甲，都喜歡裝死來避敵，扮假死時十分迫真。

圖三

毛束象甲也是天生的裝死高手。

圖四

在演繹扮死方面，毛束象甲表現得很有天份，裝死時六腳屈縮兼朝天，死得僵直，令天敵也深信不疑。

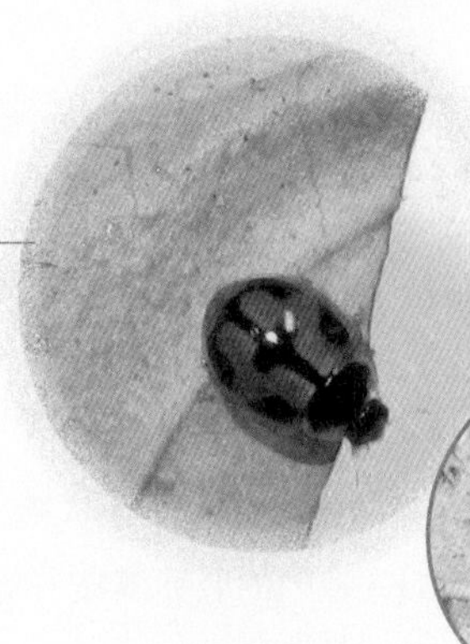

圖五

正常健康的龜紋瓢蟲其實已裝備了紅黑斑紋的警戒色。

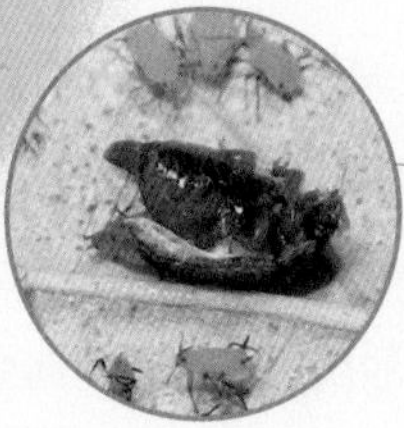

圖六

為安全起見，瓢蟲有需要時也採用假死方法，身體仰臥再加六腳全縮來瞞騙天敵，但求多一重保命希望。

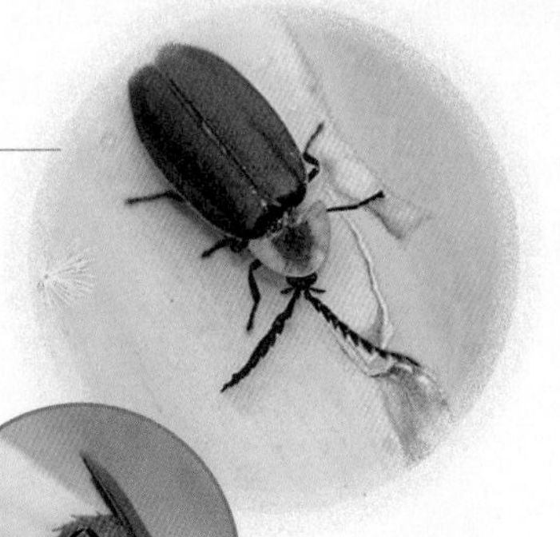

圖七

螢火蟲中，日行性的一種窗螢品種，也懂得運用裝死伎倆來保命，以適應白天活動的環境。

圖八

窗螢扮死別樹一幟，身體彎曲，觸角軟弱下垂，六腳伸直，死狀慘烈。

圖九

大斑丫枯葉蛾主要模仿枯葉來避開天敵。圖中顯示雄蛾的扮相。

圖十

雄蛾受驚擾時，也懂裝死來瞞騙來犯者。兩翅合攏令全身看似收縮僵直，死態令天敵信服。

蛾類昆蟲也常採用假死方式來避敵，如大斑丫枯葉蛾（學名：*Metanastria hyrtica*）（圖九、十）和臭椿瘤蛾（學名：*Eligma narcissus*）（圖十一、十二），牠們的裝死演技一樣登堂入室。而會扮假死的昆蟲還包括一些竹節蟲品種。

此外，一些蛾類幼蟲（圖十三、十四）和馬陸（又叫「千足」，millipedes）（圖十五至十八），在受驚時會把身體蜷成圓形，除一動不動地扮假死外，還同時收藏自己脆弱的頭部和腹部，及減少身體外露的面積來保護自己。

圖十一

臭椿瘤蛾形狀古怪，又配備立體 3D 圖案來愚弄天敵。

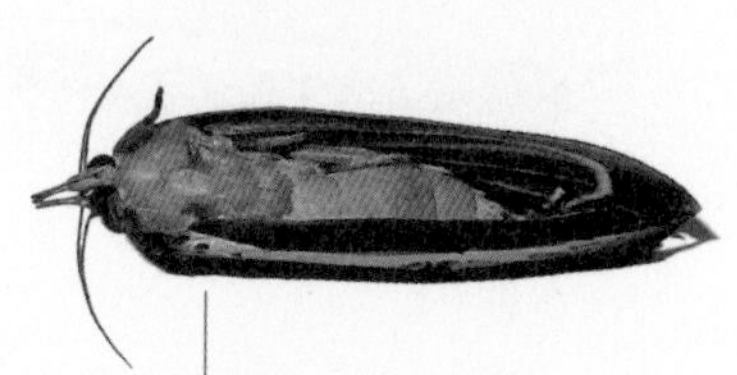

圖十二

但臭椿瘤蛾在受驚擾時，仍會反身「詐死」，順便顯示隱藏在腹底的鮮橙警戒色來驅嚇來敵。

圖十三

絲光帶蛾的幼蟲以灰褐的保護色和長束毛以作防衛。

圖十四

絲光帶蛾的幼蟲遇驚擾時會屈蜷起身體，暴露鮮紅的頭部和腳部的警戒色，及以長毛包圍身體，以拒來敵。

看來，不少小生物最後的保命王牌就是「一死了之」，透過裝死來達到「以死求生」的最終目標！

圖十五

扁平千足蟲是馬陸的一種，身體具有紅黑對比的警戒色。馬陸以植食性為主，每節身體都有兩對腳。

圖十六

扁平千足蟲受到驚擾時會以頭部為中心地蜷圈，然後一動不動地裝死，令天敵失去興趣。

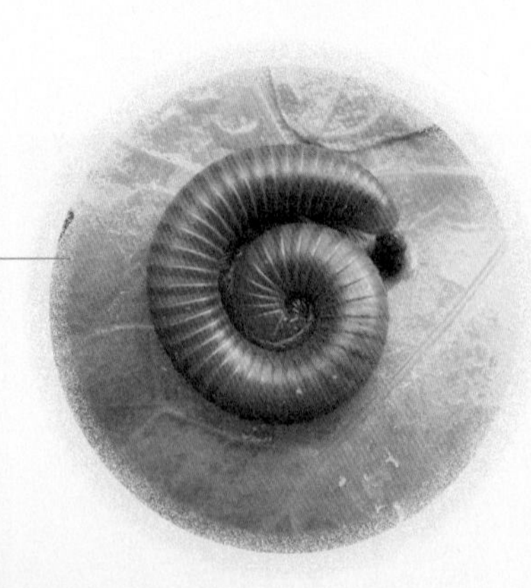

圖十八

圓千足蟲在受驚擾時，也同樣把身體蜷成圓圈，把頭埋在中央，一動不動地「詐死」，希望來敵失去捕獵興趣。

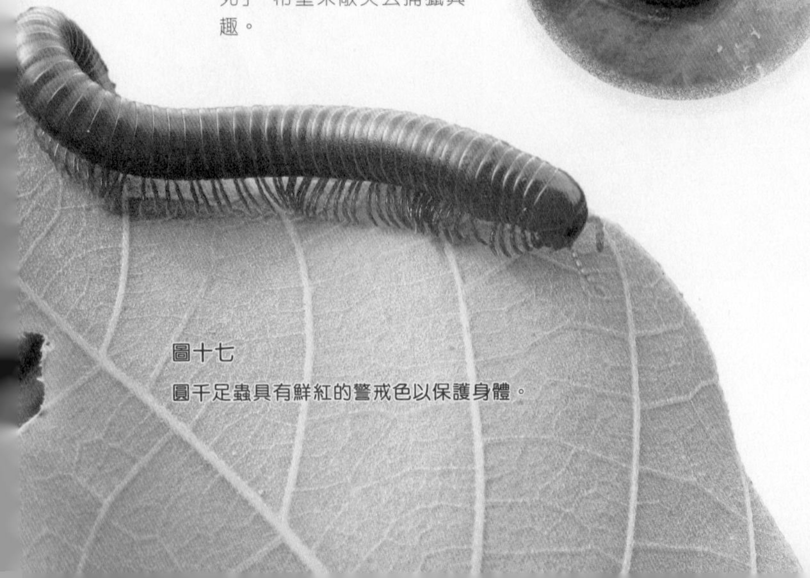

圖十七

圓千足蟲具有鮮紅的警戒色以保護身體。

2.23 腹管液驅敵之謎

蚜蟲與其他昆蟲有一個明顯不同之處，就是蚜蟲在腹部後端的左右兩方，具有一對腹管。腹管在某些情況下會分泌腹管液，通常這些液體每次只分泌少量，於是形成在腹管口出現粒狀的小珠（圖一）。這些珠粒都帶有與蚜蟲體色一樣的顏色，於是紅、黃、綠的腹管液珠便琳琅滿目地出現於眼前。例如，無肘脈蚜的腹管珠粒是紅褐色，夾竹桃蚜的是黃色，而玉米蚜的是綠色。

究竟腹管液有甚麼作用呢？不少學者認為，腹管是用作分泌化學防禦物體如臘質物料，使來犯者卻步，但亦有不少學者指出腹管液驅敵作用不大。

在我觀察蚜蟲生活與腹管液出現的過程中，有兩個發現：其一，就是蚜蟲被天敵攻擊時，通常（但不一定）立即分泌腹管液；其二，就是在夾竹桃蚜羣中，不時有兩、三隻在羣體邊緣的蚜蟲帶有粒狀腹管液。

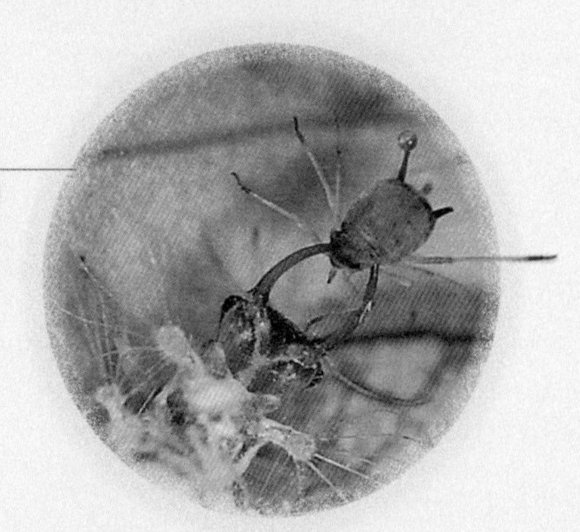

圖一

在顯微鏡下，草蛉幼蟲用鐮刀狀的大顎刺擒玉米蚜，蚜蟲從身體右方的腹管分泌綠色腹管液珠，試圖嚇退草蛉幼蟲，但草蛉鍥而不捨，繼續吸食蚜蟲體汁。

觀察所得，腹管液對驅走來犯者如草蛉幼蟲、褐蛉幼蟲、瓢蟲幼蟲及食蚜蠅幼蟲等都不見得有任何明顯效果，因為捕獵者無視腹管液分泌，繼續大快朵頤地享用牠們的獵物蚜蟲（圖一、二、三、四）。

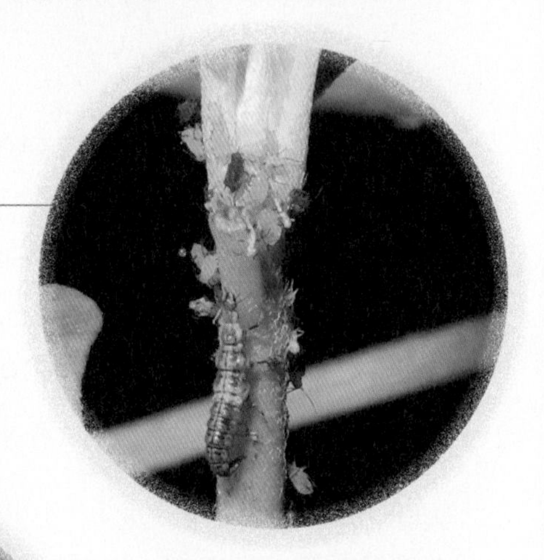

圖二

褐蛉幼蟲侵入夾竹桃蚜羣組時，兩隻蚜蟲的腹管都分泌了黃色腹管液珠粒，以圖嚇退來敵，但並未成功，褐蛉幼蟲繼續前進。

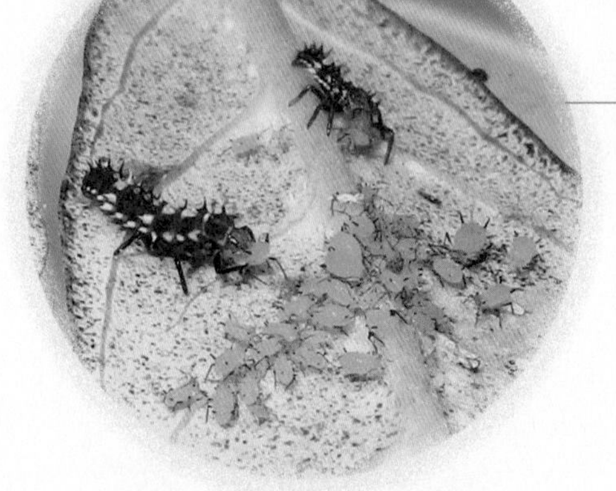

圖三

兩隻瓢蟲幼蟲一同捕食夾竹桃蚜。左邊正被瓢蟲捕食的蚜蟲，牠的左右腹管都分泌了大量黃色腹管液，看似兩粒大黃珠，但未能阻止瓢蟲享用大餐的意慾。

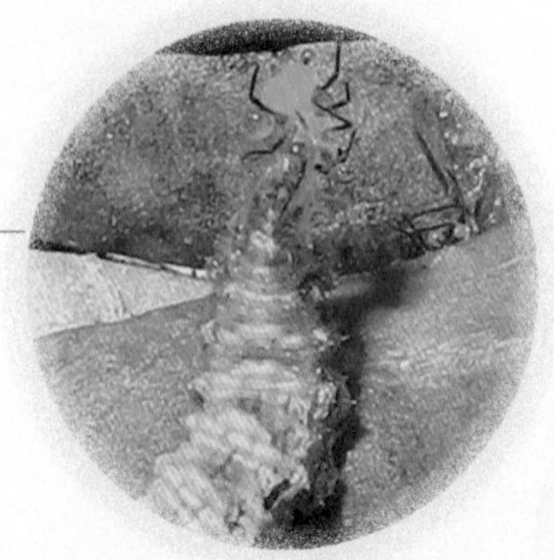

圖四

食蚜蠅幼蟲高舉一隻夾竹桃蚜，蚜蟲的腹管已分泌了一大、一小粒腹管液珠，但一點也沒有影響食蚜蠅幼蟲開餐的雅興。

但在我蓋棺定論腹管液對驅敵無效之前，在 2016 年 2 月的一天，當我用顯微鏡攝錄一隻褐蛉幼蟲捕食無肘脈蚜的短片時，確實看見蚜蟲分泌出來的腹管液具有震懾力，明顯能驅退褐蛉捕食。透過截取短片中最合適的幾幅相片，在這裏詳細介紹當中腹管液成功抗拒褐蛉幼蟲捕食蚜蟲的有趣過程（圖五至十）。由於從短片擷取出來的圖片解像度低，所以清晰程度比較差，但過程很有參考和啟發作用。

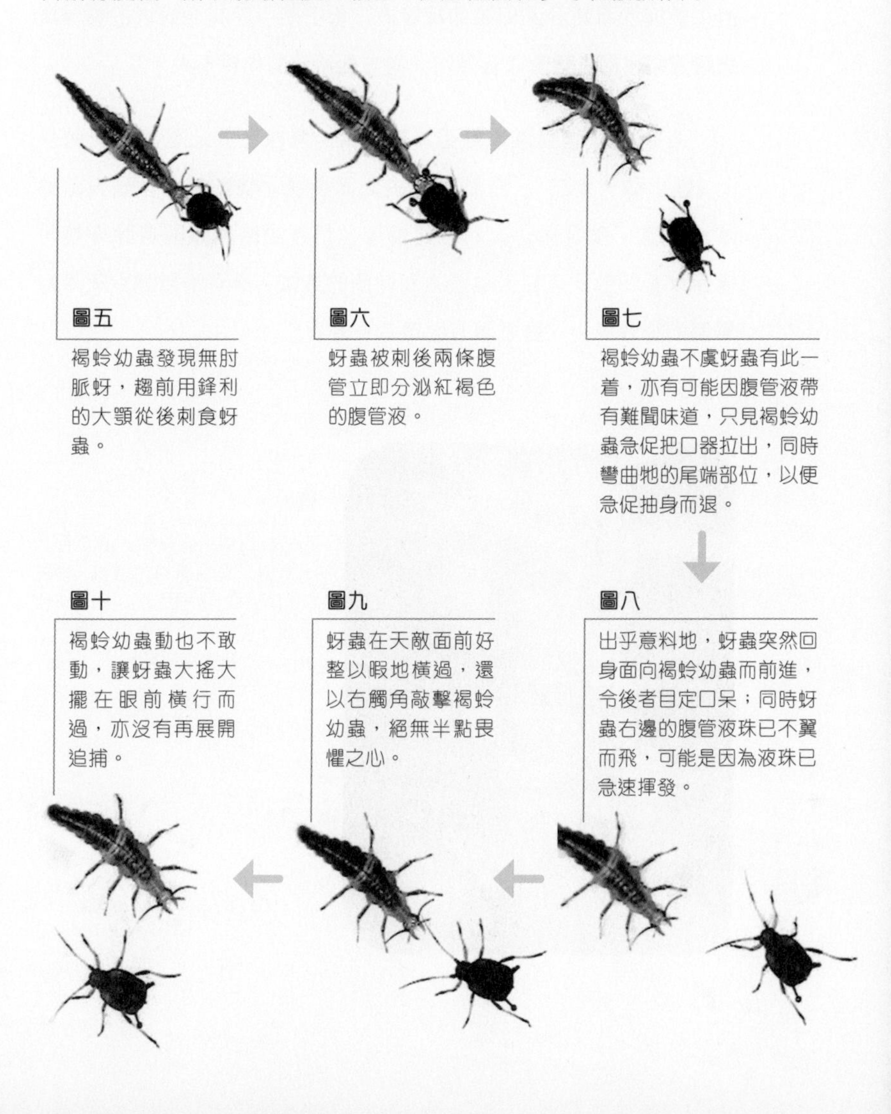

圖五

褐蛉幼蟲發現無肘脈蚜，趨前用鋒利的大顎從後刺食蚜蟲。

圖六

蚜蟲被刺後兩條腹管立即分泌紅褐色的腹管液。

圖七

褐蛉幼蟲不虞蚜蟲有此一着，亦有可能因腹管液帶有難聞味道，只見褐蛉幼蟲急促把口器拉出，同時彎曲牠的尾端部位，以便急促抽身而退。

圖八

出乎意料地，蚜蟲突然回身面向褐蛉幼蟲而前進，令後者目定口呆；同時蚜蟲右邊的腹管液珠已不翼而飛，可能是因為液珠已急速揮發。

圖九

蚜蟲在天敵面前好整以暇地橫過，還以右觸角敲擊褐蛉幼蟲，絕無半點畏懼之心。

圖十

褐蛉幼蟲動也不敢動，讓蚜蟲大搖大擺在眼前橫行而過，亦沒有再展開追捕。

蚜蟲以腹管液禦敵的理論，除了從受攻擊時所分泌腹管液是否有驅敵效果來衡量，還可以從另外兩方面觀察：其一就是預防及通報作用；其二就是間接性消耗天敵的捕食時間。

我在前文提及過，夾竹桃蚜羣中不時有兩、三隻在羣體邊緣的蚜蟲帶有粒狀的腹管液（圖十一）。觀察所得，這些腹管液珠，甚至因正被捕食而新分泌出來的腹管液，都不能引起其他蚜蟲的警覺或逃離現象，相信腹管液在預防天敵方面所起的作用不大。

反而這些腹管液珠粒因為黏性大，常常意外地黏附在天敵身上（圖十二、十三），令牠們要去之而後快。我曾數次見到天敵如草蛉幼蟲、食蚜蠅幼蟲和小螳螂等花了不少時間試圖清除珠粒。客觀來看，這是消耗天敵體力和時間的方法，應可稍為減少天敵對羣體的總殺傷力，對禦敵方面應有一點貢獻。

圖十一

夾竹桃蚜羣中有兩隻蚜蟲的腹管已分泌了黃色圓球形液珠（圖左下和右下），相信是用以警告來敵不要入侵，或通報羣組成員有天敵來犯，但效用成疑。

總括來說，腹管液對驅走來犯蚜蟲的天敵不見得有任何明顯效果，但腹管液珠粒因為黏性大，當意外地黏附在天敵身上，會引致牠們要去之而後快的感覺，於是間接消耗天敵一些體力和時間，亦可稍為減少牠們對羣體的總殺傷力。

值得留意的是，上面提及一隻褐蛉幼蟲捕食無肘脈蚜時，蚜蟲分泌出來的腹管液具有震懾力，明顯能驅退褐蛉幼蟲捕食。這種發現可能啟示無肘脈蚜已演化出有效禦敵的腹管液，可惜在這方面的研究和參考文獻不多，未能下定論。此外，蚜蟲的腹管液是一種有潛質的禦敵方法，雖然現階段並未普遍見到成效，但相信在大自然適者生存的演化過程中，將來的成功機會仍不差，因為蚜蟲的生命史短和繁殖力特強，所以有更多機會考驗牠們的適應力！

圖十二

侵入夾竹桃蚜羣中的食蚜蠅幼蟲，快要把蚜蟲獵物吸乾。幼蟲近頭的胸部位置意外地黏附了一粒黃色腹管液珠。這些液珠常令天敵要費神地去之而後快。

圖十三

螳螂若蟲也是夾竹桃蚜的天敵之一，牠們也常常意外地被腹管液珠黏附。圖中的小螳螂的右前足已被一粒黃色腹管液珠黏着。

3.0 小蟲蟲，大世界

我這一章用「小蟲蟲，大世界」為題，是因為在過去三年，我在家居的前、後露台培植了二十多盆馬利筋，並聚焦利用這些寄主植物來培育單食性的夾竹桃蚜，發現在這個簡單的害蟲和寄主植物的組合，原來並不簡單。由這一雙動、植物配對而引發出來的生態環境，所涉及的生物種類可真不少！

譬如，在第 1.0 部分介紹的「蟲蟲小故事」內，不少昆蟲品種的背後都可能隱藏一些更大的故事。就以圍繞着馬利筋而生存的小生物為例，已有不少昆蟲和其他小生物直接或間接倚賴它生存。除了我們的主角昆蟲夾竹桃蚜外，直接依賴馬利筋養活的還有紅蜘蛛、小薊馬（圖一）和棕斑奧黃毒蛾幼蟲（圖二）。此外，馬利筋的花也提供花蜜給不少蜂類（圖三）、螞蟻（圖四），和蝶類成蟲享用。順帶一提，在新界常見、幼蟲以馬利筋為食物的金斑蝶（請參看「2.19 警戒色」一文中圖一和圖三），從未在我家種植的馬利筋羣組中出現過，顯示同種昆蟲的分佈也會因不同的地理環境而有所差異。

圖一

馬利筋的枝葉除了供養夾竹桃蚜外，還供養其他小生物，包括紅蜘蛛（圖右上方兩小點深紅色）和小薊馬（左及上方黑色條狀是成蟲，右下方奶白色的是若蟲）。

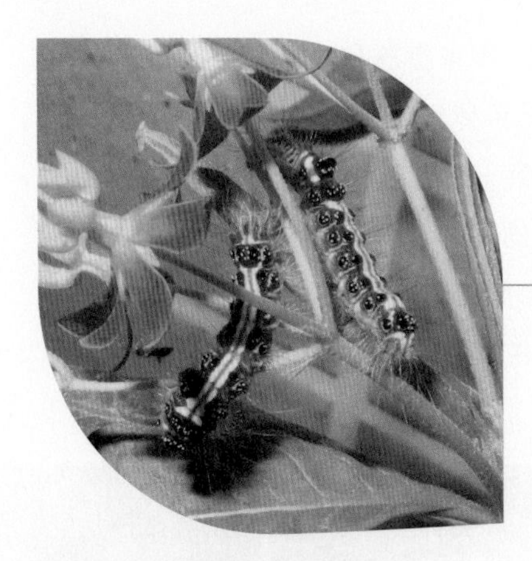

圖二

棕斑奧黃毒蛾幼蟲也間歇在馬利筋的嫩枝出現，牠們最喜歡吃花瓣。

圖三

胡蜂也不甘後人，前來「分杯」花蜜「羹」。

圖四

就算馬利筋樹上沒有蚜蟲分泌蜜露給螞蟻吃，後者對馬利筋仍有濃厚興趣，因為小花朵會滲出花蜜讓螞蟻吸食。

至於單食性的夾竹桃蚜，本來擅於在馬利筋吸食汁液而快速繁殖，但增長數量常受制於一系列多食性的捕獵者，包括幾個品種的食蚜蠅（圖五）、草蛉、褐蛉、瓢蟲和蜘蛛（圖六）等。夾竹桃蚜還不時引來蚜繭蜂和蚜小蜂的寄生。嗜食蜜露的螞蟻也不時來探訪。有一次，蚜繭蜂藉着蚜蟲因捕獵性的天敵顯著減少時大量侵襲蚜蟲，導致蚜蟲「木乃伊」大規模發生的罕見情景（圖七）。

圖五

馬利筋的葉供應食糧給夾竹桃蚜，蚜蟲茁壯和繁殖後，成為一眾捕食者的獵物。圖左有一條鋸盾小蚜蠅幼蟲（紅褐色）和一條短刺刺腿蚜蠅幼蟲（綠色），圖右下有另一條刺腿蚜蠅幼蟲，牠們皆枕戈待旦地準備捕食蚜蟲。

圖七

當夾竹桃蚜大量繁殖，而常見的各類捕獵者又缺席時，蚜繭蜂便取而代之，在蚜蟲體內大肆寄生，導致大量蚜蟲「木乃伊」出現的震撼情景。

圖六

三突花蛛（圖左方）不甘寂寞，也來到蚜羣附近準備隨時開餐。

這些現象間接道出了不少自然界的生物品種，能擁有把握機會和互相制衡的調節力。有趣的是，多食性的螳螂也不時出沒，牠們的獵物主要是蚜蟲的天敵昆蟲，但螳螂同樣會捕食夾竹桃蚜（圖八）。其實，所有小昆蟲捕獵者都受制於體型較大的雜食性而又喜歡吃蟲的雀鳥（如白頭鵯及紅耳鵯）（圖九），而這些雀鳥原來也同時喜歡啄食夾竹桃蚜（圖十）。

圖八

小若螳本來喜歡捕食有動態的昆蟲，但對較為靜態的夾竹桃蚜也不放過。

圖九

白頭鵯（俗稱「白頭翁」）是出名喜歡啄食昆蟲的雀鳥，常常到訪我家後露台的馬利筋，圖中一隻正伺機出動捕食。

圖十

紅耳鵯（俗稱「高髻冠」）也是喜吃昆蟲的雀鳥。差不多天天到訪我的露台。這一隻已深入我的馬利筋樹羣，嘴裏正含着一隻肥美的橙色夾竹桃蚜。

本書早前的章節，描述了一些蟲蟲品種的生活史和特性。當中，每一個主角品種都受到周邊生態環境的影響，離不開與其他生物的敵友關係（圖十一、十二）。猶記得 2016 年的夏秋時分，夾竹桃蚜受到不少數目的食蚜蠅、褐鈴和草蛉的夾擊，數量驟降，在實驗室受觀察的活標本，因蚜蟲獵物短缺而互相殘殺，大欺小，強凌弱，大體型的食蚜蠅幼蟲吃小體型的幼蟲，草蛉與褐蛉幼蟲也存在互相攻擊的情況（圖十三）。

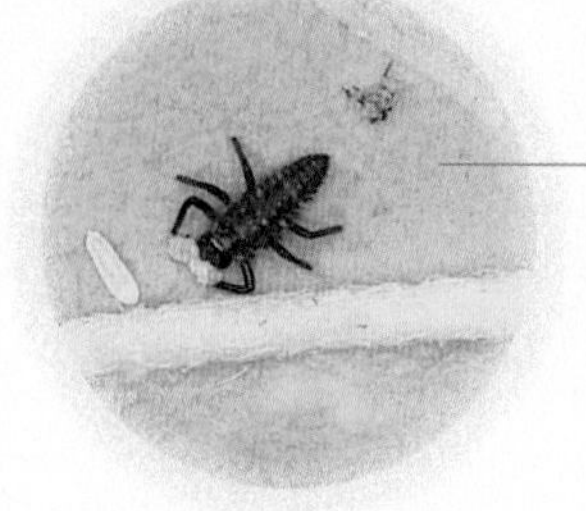

圖十一

捕獵者飢不擇食。雖然習慣吃蚜蟲，但小瓢蟲幼蟲遇上食蚜蠅卵（圖中白色小米粒狀），一於先吃為快，何況這些卵若孵化後，便是牠的食物競爭對手呢！

圖十二

本是同科親戚，但斑翅蚜蠅高齡幼蟲（左方褐色帶白斑）遇上幼齡短刺刺腿蚜蠅幼蟲（淺黃綠色）時，也毫不留情地含着和啃食後者。右下角還有一條綠色的刺腿蚜蠅幼蟲。

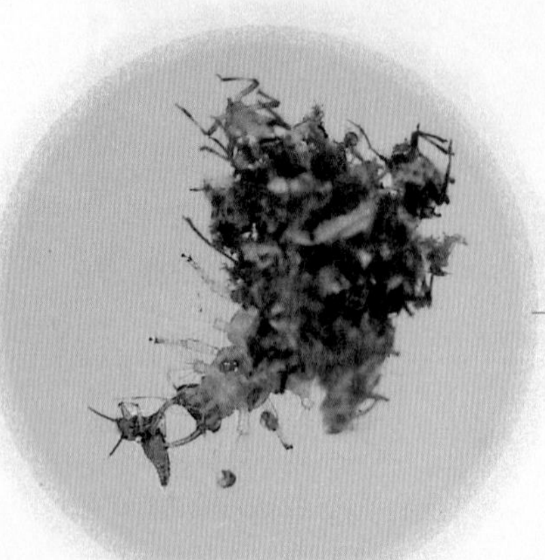

圖十三

物競天擇，以強凌弱是適者生存的自然定律。圖中大體型的草蛉幼蟲正以小褐蛉幼蟲（圖左下方）為食。同是捕獵者，也有強弱之分。

從第 1.0 、2.0 部分的故事和以上的分析，可見由馬利筋培養出來的夾竹桃蚜所建立的有關生境，出現了一物治一物、物種間的出奇制勝，和互相競爭或制衡等現象，亦顯示物種與物種間在自然環境中，隨時出現一種不為城市人留意的微妙生態調節，但最終會達致自然生態平衡。

除了取食馬利筋的夾竹桃蚜外，還有以柑桔類植物為寄主的玉帶鳳蝶幼蟲，牠們多次在我屋前露台的柑桔樹出現，這些幼蟲受到草蛉幼蟲（圖十四）和螳螂捕食，鳳蝶的蛹也受寄生蜂侵襲（圖十五）。此外，以柑桔樹為寄主的昆蟲包括廣翅蠟蟬幼蟲（圖十六）、粉蚧和煙粉蝨等。我曾多次見到螳螂若蟲和鳳蝶幼蟲出現。但牠們同樣地一次又一次在隔一個晚上便消失。充當福爾摩斯的我，經多番偵查下，發現原來被公認為家居品種的壁虎，可能因城市居住單位太密集，晚上有太多住戶的燈火令昆蟲趨光入室的數量因分散而減少，於是飢餓的室內壁虎也選擇於晚上離家出走，暫時放棄家居的牆壁，闖到露台爬上柑桔樹尋找獵物充飢（圖十七）。相信這也是適者生存的一種求生謀略的演繹。

圖十四

草蛉幼蟲雖然體型較小，但無懼大體型的鳳蝶幼蟲，一於捕食如儀。

圖十五

一隻金小蜂雌蟲正伏在柑桔玉帶鳳蝶的蛹上，用產卵管刺入蛹皮產卵。

小昆蟲生活史的某些階段，如卵、幼蟲和蛹的活動範圍，主要圍繞牠們身邊的生境，通常所佔空間不大，牠們的生活習慣如居住、覓食及掙扎求存的本能，大都集中於有限度的範圍，可以形容這為「小世界」。由於每一個品種都要依賴其他動植物以存活，但其實在牠們的生境內還有不少其他品種在同時生活和覓食，牠們於是一環扣一環地互相影響、依賴、競爭和制衡，或一種類制衡另一種類。另外，也有其他品種不時出現，而令整個生境不會過分傾斜，讓某一類品種單獨雄霸，這就是自然生態平衡。而這些無數的「小世界」會重疊和伸延（尤其是透過多食性和飛行能力強的昆蟲）而擴大，最終結合成一個很大的生態環境，這就是我所指的「大世界」，意即大生境。

知道了這些趣味故事後，我們更應了解和認識物種間的自然互動關係而達致奧妙的生態平衡，從而尊重這種得來不易的自然生態現象，並謹記我們不要胡亂干擾它，令它失去健康的平衡。再者，若能領略這些昆蟲故事的箇中奧秘，包括牠們的求生妙計，和最終互相包容齊齊過活和生存方法等，再代入人類社會環境，以改善人與人的社會關係，那就功德無量了！

圖十六
柑桔樹也是廣翅蠟蟬若蟲（有白色長蠟條）的喜愛寄主植物之一。

圖十七
香港島常見的家居壁虎—截趾虎為找尋獵物，居然不惜「離家出走」，爬上露台的桔樹尋找昆蟲吃。

4.0 蟲蟲趣味篇

自 2011 年 11 月及 2015 年 2 月分別出版《尋蟲記—大城市小生物的探索之旅》和《尋蟲記 2—蟲中取樂》兩書後，相信不少讀者都不再像以前那麼抗拒或懼怕昆蟲，甚或開始懂得欣賞牠們可愛的一面。因此，我在這一章會花一些篇幅，把昆蟲的一些趣味環節，包括牠們特別的體型、古怪的外貌、惹笑的造型、自衛求生的小詭計，以趣怪相片表達，與讀者輕鬆快樂地分享。

4.1 小弟弟與大哥哥

當細心觀察玉帶鳳蝶的幼蟲，您便會發覺牠們的成長速度非常之快，不同齡的幼蟲體型差距已相當大（圖一），但如果把一齡幼蟲與終齡幼蟲放在一起（圖二），更能顯現牠們驚人的體質差距。有學者研究指出，剛孵化的蠶蛾幼蟲體重只有 0.43 毫克，但到了第五齡的末期，幼蟲體重可驟增至 5 克。即是説蛾類幼蟲期體重在二十多天後增加 100 倍。所以，就算我們以肉眼來衡量玉帶鳳蝶一齡和終齡幼蟲的相對體積（圖三）時，亦會帶出同樣答案，即是小弟弟與大哥哥的對比等於小人國與大人國的較量；數據的巨大分別，幾乎令人難以置信。這有趣的比較亦間接顯示了昆蟲在動物界成功的原因之一：就是以極快的速度成長，來補償短壽的一些缺點。

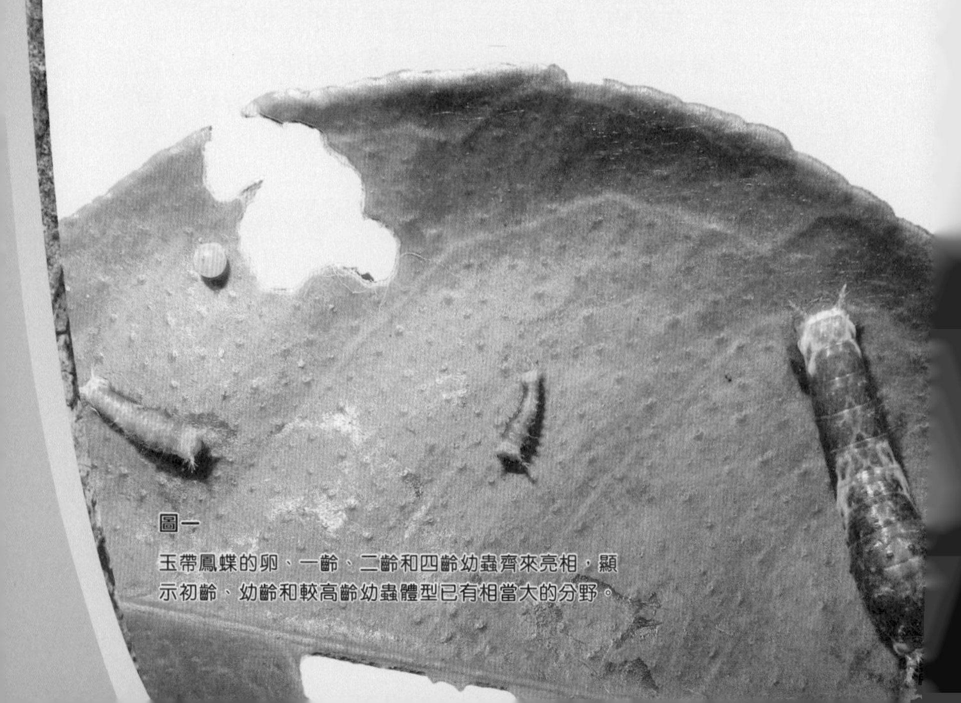

圖一

玉帶鳳蝶的卵、一齡、二齡和四齡幼蟲齊來亮相，顯示初齡、幼齡和較高齡幼蟲體型已有相當大的分野。

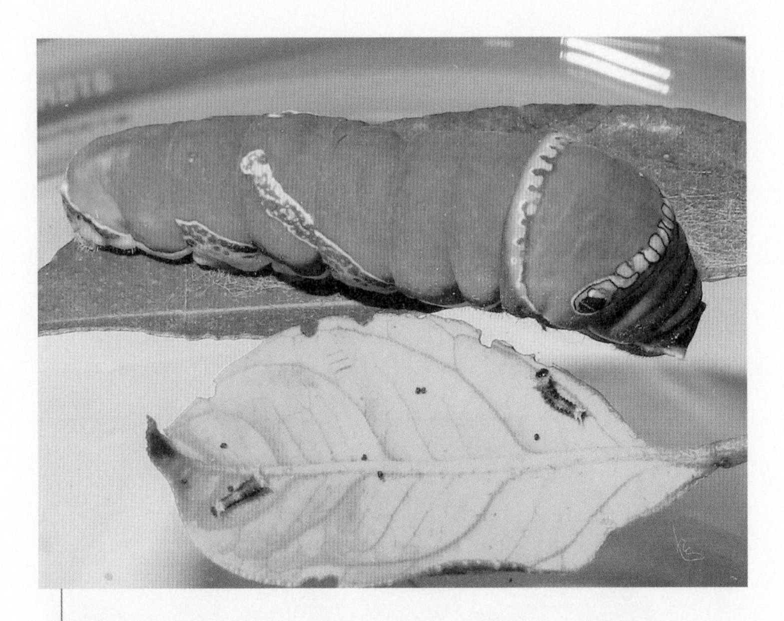

圖二

終齡幼蟲（圖上方）與兩條一齡幼蟲放在一起（圖左下及右下），驟眼看似兩個完全不同品種的昆蟲。

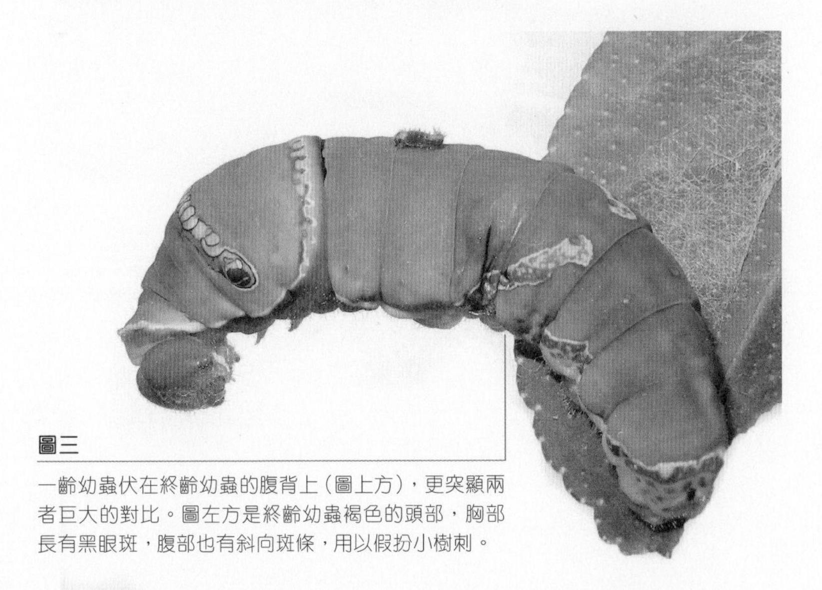

圖三

一齡幼蟲伏在終齡幼蟲的腹背上（圖上方），更突顯兩者巨大的對比。圖左方是終齡幼蟲褐色的頭部，胸部長有黑眼斑，腹部也有斜向斑條，用以假扮小樹刺。

還記得早前在「1.5 捨身成仁的夾竹桃蚜」一文內，我和孫兒曾經談論過昆蟲是不用肺呼吸，而是用分佈於體內的氣管系統呼吸，並透過身體各節上的小氣孔來更換空氣。這些氣孔在鳳蝶終齡幼蟲的身體上也可找到（圖四）。

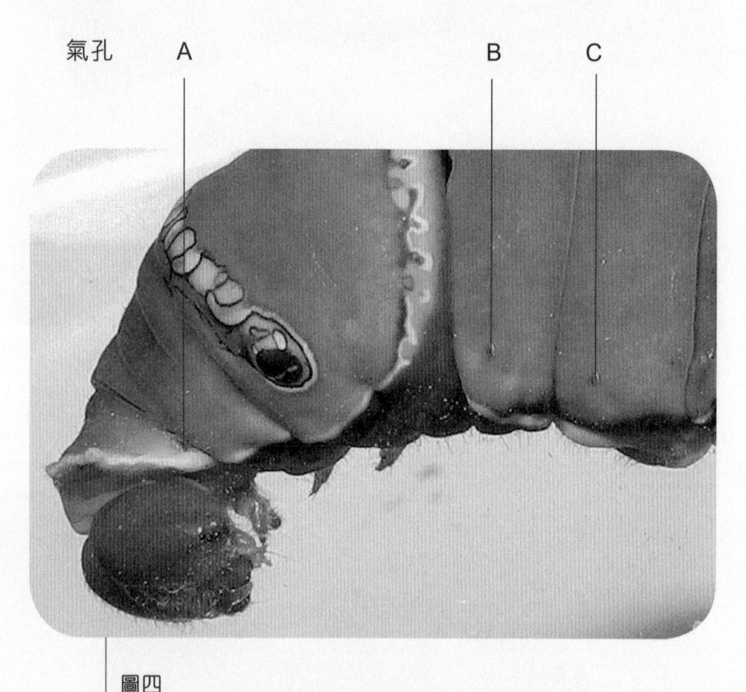

圖四

放大了的終齡幼蟲，綠色體節的下方，至少見到三個褐色卵圓形的氣孔，一個位於胸部第一節下方（箭頭 A），另外兩個氣孔處於腹部第一節（箭頭 B）和第二節（箭頭 C）的下方。

4.2 翅膀穿洞的蛺蝶

聽過或看過翅膀穿窿（穿了大洞）的蝴蝶嗎？藝高「蟲」膽大的窄斑鳳尾蛺蝶現正示範給我們看（圖一）。

不經意地看，這個品種的蝴蝶斑紋雖然豐富，但與其他蝴蝶沒有多大分別。不過，特別的是這種蝴蝶的前後翅邊緣有寬闊的深褐色斑條，包圍着像弧形的中空部分，令穿洞部分特別奪目。

圖一

窄斑鳳尾蛺蝶的翅膀中央穿了一個大洞，仍能企立自如，神態輕鬆！

但當有機會見到牠停留在普通樹幹或地面上歇息（圖二），而背景不再是樹葉時，您便會恍然大悟：原來那穿洞的翅膀中央部分，是模仿綠葉的綠色斑紋，而且這綠斑還帶有模仿葉脈的條紋，仿真度極高，令旁觀者感覺這是翅膀中一個洞，透過它可看到背景後的葉子和葉脈。

窄斑鳳尾蛺蝶（英文名為 Common Newab）（學名：*Polyura athamas*），透過這種酷似 3D 的幻覺擬態效果，使身體看似有洞或不再容易顯示自己是蝴蝶，令捕獵者甚至人類感覺真假難分，其高深的保命謀略可算再創高峰！

圖二

窄斑鳳尾蛺蝶停留在普通樹幹上歇息時，因背景不再是樹葉，翅膀中央的洞穴幻覺沒有以前那麼迫真了。

4.3 卡通人物扮相

小昆蟲在不同處境，或不同角度，可以給我們不同印象，甚至不同幻想。例如，粗身大勢的泛光紅蝽雌蟲，從尾部觀看時令人聯想起一位打扮時髦的女士，頭頂戴上紅色的蝴蝶飾物和一副黑超太陽鏡（圖一），有型有款。

圖一

型爆的豬小姐，原來是泛光紅蝽的尾部。一副黑眼鏡是牠前翅的後半部，亦是半翅目成員的一個特徵。

圖二

鑲落葉夜蛾的後翅圖案狀似金毛獅王，十分有型。

鑲落葉夜蛾在受驚時會展開前翅，顯露一雙後翅的特別驅敵圖案，看似人類幻想的金毛獅王（圖二）。

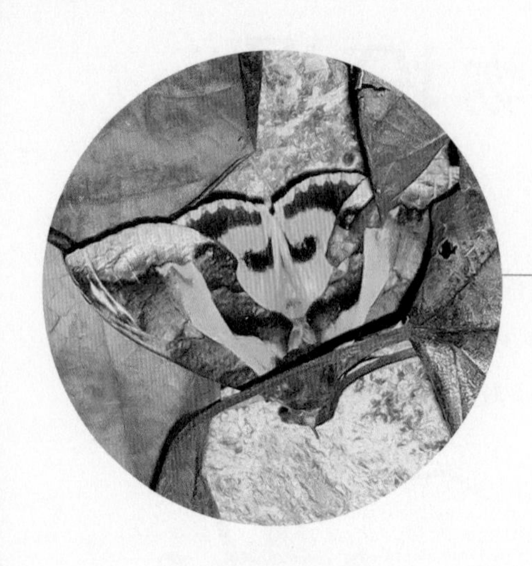

圖三

艷落葉夜蛾的後翅圖案像女巫或埃及妖后，姿色艷麗而帶有威嚇性。

同樣地，艷落葉夜蛾也懂得使用這種招式，受驚擾時會展露橙色帶有大黑斑的後翅，形象似女巫或埃及妖后（圖三），用以嚇退敵人。

鬼臉天蛾的創意奇特，牠以胸背部的斑紋刻劃出我們心目中的邪魔鬼怪，這種天蛾神奇得好像能與人思想溝通，懂得設計惡魔扮相（圖四），可算高深莫測。

還有樟天蠶蛾的尾部，樣子十分滑稽，從後面看富有卡通氣色，好像大眾喜愛的精靈「比卡超」（或譯「皮卡丘」）（圖五）。

這些由昆蟲演繹的卡通人物，非常趣怪和有創意，可媲美迪士尼傳統卡通人物，或可以帶給我們城市人多些開心和樂趣。

圖四

眼、耳、口、鼻刻劃清晰，大鼻孔和大嘴巴奪目中帶點恐怖感，難道鬼臉天蛾想勾畫出卡通惡魔的造型？

圖五

樟天蠶蛾的尾部看似大眾喜愛的精靈「比卡超」。

4.4 動物的臉譜

在地球上存活的小昆蟲品種與數量多不勝數，其中當然有些樣子滑稽的型類，現把我遇見的一些與動物臉譜相像的昆蟲品種造型，放在這裏與大家分享。其中以不同種類的廣翅蠟蟬的造型最神似，驟看似獵犬（圖一）、棕豬（圖二）、狐狸（圖三）和黑熊（圖四）。此外，也有小昆蟲看似野兔（圖五）。

動物臉譜圖解

		動物臉譜	昆蟲屬類
圖一		獵犬	八點廣翅蠟蟬
圖二		棕豬	廣翅蠟蟬

圖三		狐狸	眼紋疏廣蠟蟬
圖四	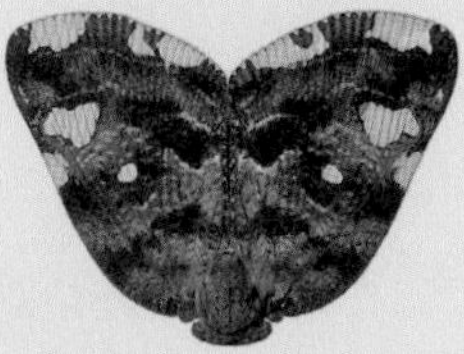	黑熊	八點廣翅蠟蟬
圖五	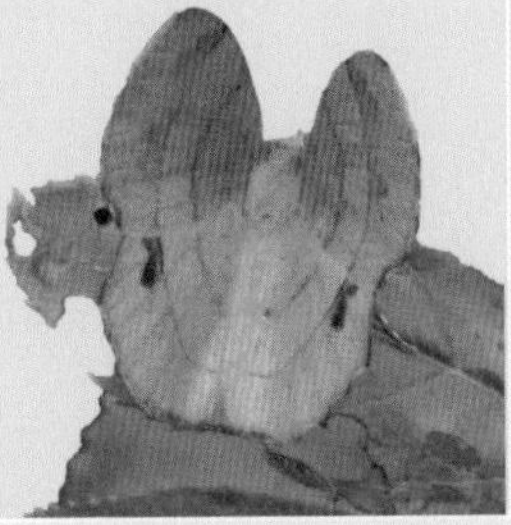	野兔	裳蛾科塔夜蛾屬的一個品種

4.5 考考您的眼力

我在以上的章節常常談及昆蟲的生趣和謀略，讀者們看過後，有關的學問應比前增進不少。我想藉此機會考考您對昆蟲認識增加後的眼光如何。這裏有六個問題，請您試答後再翻查後頁看答案。

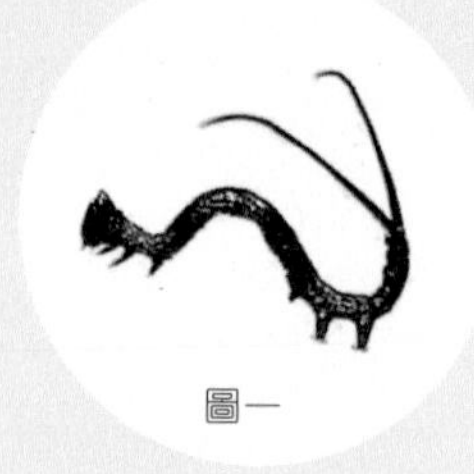
圖一

問題一

請問圖一中的是哪類昆蟲？牠的頭部在哪方？

問題二

從圖二中您看到甚麼？有沒有昆蟲？如有，數目多少？牠（們）在做甚麼？

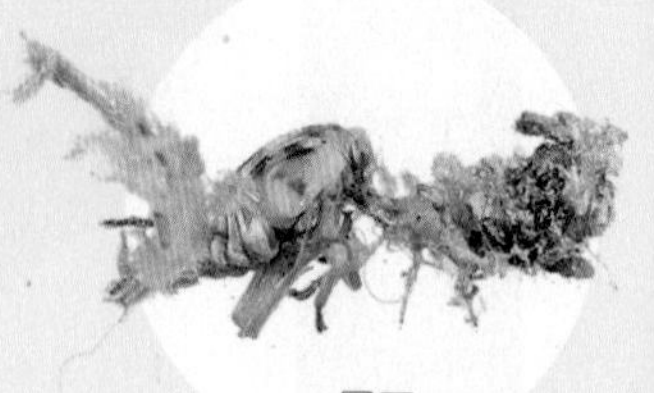
圖二

圖三

問題三

試列出圖三內您認識的小昆蟲名稱。

圖四

問題四

試描述圖四中您觀察到的四個有關小昆蟲的發現。

圖五

問題五

在圖五的樹葉堆中，您能找到多少隻昆蟲？

圖六

問題六

圖六的影像很趣怪，您觀察到有甚麼特別的地方？

考考您的眼力（答案）

問題一：請問圖一中的是哪類昆蟲？牠的頭部在哪方？

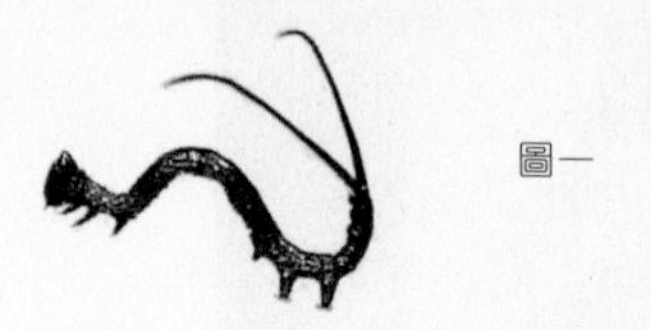

圖一

答案：i）是一條不常見的尺蛾幼蟲，又稱「尺蠖蟲」。

ii）牠的頭部在左方，右方岔開的長尾用來瞞騙天敵，使牠們以為是一對觸角，把尾部誤以為頭部。

問題二：從圖二中您看到甚麼？有沒有昆蟲？如有，數目多少？牠（們）在做甚麼？

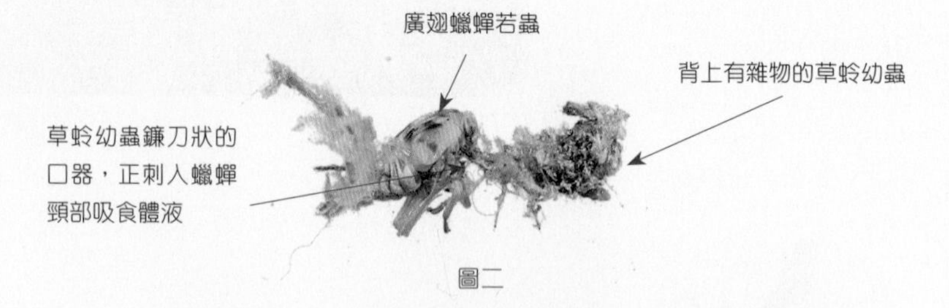

圖二

答案：有兩隻昆蟲，左方的是廣翅蠟蟬若蟲，右方的是草蛉幼蟲。草蛉幼蟲用鐮刀狀口器插入蠟蟬若蟲的前體下方，正吸食牠的體液。

問題三：試列出圖三內您認識的小昆蟲名稱。

答案：i）一羣組的黃色夾竹桃蚜，在馬利筋的小樹莖上。

ii）一條綠色的短刺刺腿蚜蠅幼蟲橫向地捲着小樹莖（紅箭嘴位置），活像樹上的一個小節莖，模仿得維肖維妙，不易被發覺。

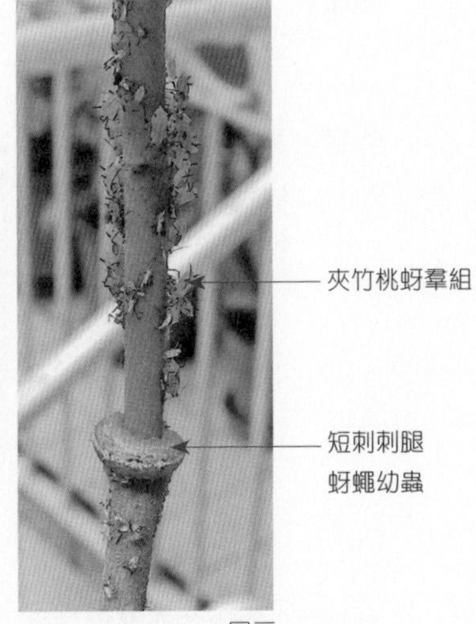

圖三

問題四：試描述圖四中您觀察到的四個有關小昆蟲的發現。

答案：請看以下紅色箭嘴。

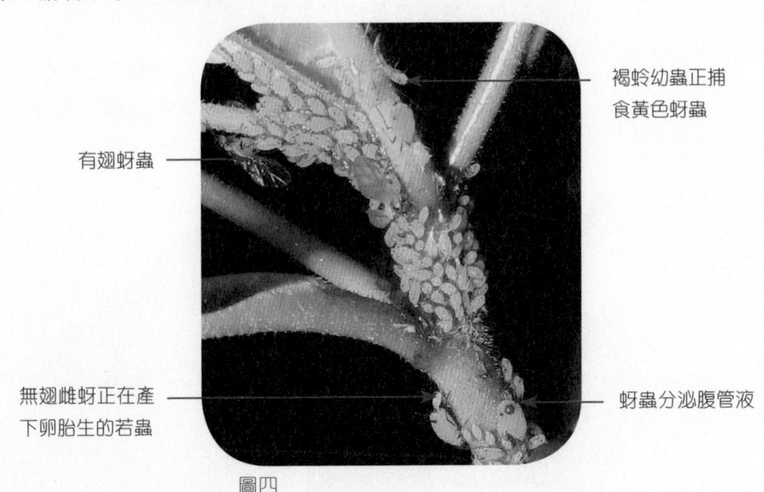

圖四

問題五：在圖五的樹葉堆中，您能找到多少隻昆蟲？

答案：共三隻昆蟲：

i）兩隻臭椿瘤蛾；和

ii）一隻鑲落葉夜蛾。

圖五

問題六：圖六的影像很趣怪，您觀察到有甚麼特別的地方？

答案：趣怪影像看似一個戴着黑髮的半身人物站在綠色圓球後。

i）人物（蟲身）和綠色圓球（胸部）是一條蓮霧赭瘤蛾幼蟲，黑色頭髮其實是幼蟲正在排泄。（參看右下圖便明白原因。）

ii）葉的左上角缺口是由幼蟲早前進食造成的。

右下圖是在拍攝圖六的半分鐘後再拍攝的。人物已變成禿頭，黑髮不翼而飛。原來幼蟲已排泄完畢，糞便（右方小黑點）已跌離葉片。

圖六

5.0 後記

在前作《尋蟲記 2──蟲中取樂》於 2015 年面世後，對小昆蟲興致勃勃的我，為了能仔細觀察和拍攝香港漂亮的黃色蚜蟲和牠的天敵，幾經努力成功培植二十多盆馬利筋，以全年觀察這些昆蟲的習性。其後在決定寫這本書時，我醒覺到有必要弄清楚在馬利筋植物上出現的蚜蟲究竟是甚麼品種。因為這 30 年來，香港的昆蟲書籍，都叫牠為「蘿藦蚜」，但一向以來這些蚜蟲常出現於夾竹桃（屬夾竹桃科植物）和馬利筋（屬蘿藦科植物）兩種植物上。遠在 1960 年代，這種蚜蟲已被鑒定為「夾竹桃蚜」。

為了找尋夾竹桃蚜與蘿藦蚜在香港的正確身分，我向漁護署檢驗及檢疫分署的專家劉紹基先生請教，並把我們平常以為是蘿藦蚜的那種標本給他鑒定。經過劉先生用 DNA 技術鑒證、參考香港和國際記錄，及基於一些只在夾竹桃蚜出現的分類學特徵，他肯定地告訴我，直至現在為止香港只有夾竹桃蚜出現。這些資料對研究本地蚜蟲和有關天敵昆蟲相當重要，也簡化了我可能面對這些品種研究的複雜性，在此衷心向劉先生道謝。這個發現，亦顯示了有關昆蟲的知識可説無窮無盡，研究牠們時亦常常須小心求證。

培植寄主植物來培養蚜蟲，進而吸引牠們的天敵出現，也不是容易的事。例如，蚜蟲有時會過度繁殖，令馬利筋幾乎全部凋謝而死。也有時候天敵太多，令蚜蟲全軍覆沒。透過及時和適當的處理，大致上我能保存蚜蟲羣組，以便有新天敵品種出現時，可隨時飼養牠們作研究用途。

在觀察和為蟲蟲拍照的過程中，體力及時間消耗不少，但當發現一些品種的有趣習性或資料時，例如短刺刺腿蚜蠅的趣怪婚舞，及蚜小蜂精靈地找蚜蟲寄主來產卵的過程，又令我心情振奮，感到鼓舞，繼續追尋蟲蟲新知識。其實昆蟲蘊藏的生態資料非常豐富，隨時會帶給我們意外驚喜呢！

本書延續了上一集《尋蟲記》的方式，以更多和拍攝素質更佳的圖片，富趣味地介紹城市人身邊的小生物，令讀者能易於閱覽，輕鬆地認識牠們的生活習性和動態點滴。有幸得到一些愛好自然生物的朋友，特別是劉紹基先生提供的品種鑒定，江仲民先生和張國樑老師慷慨借出他們多年來拍攝到的精彩相片（詳情請參閱相片提供鳴謝表），以及呂詩慧校監提供幼兒與昆蟲互動的安排，令這書能以生色的圖文並茂形式面世，謹向他們致以衷心謝意。在這裏要特別一提江仲民先生，他在《尋蟲記 2》曾提供大量生動蟲蟲相片以作支持，可惜在該冊相片提供鳴謝一欄中出現植字錯誤，誤稱他為「江仲文」先生，特此更正並向江先生致歉！此外，亦要感謝林婉屏小姐提供寶貴意見及熱心協助，包括玉成江仲民先生義助圖片。同時亦感謝張宇程先生的悉心編輯。

此外，不少親友提供了各式各樣的協助：如供應或協助找尋田間標本（曾贊安博士、鄭嘉成先生、李敏儀女士、陳潤萍女士、黎國泰先生）；繪圖（梁志彬先生、蘇國智先生）；活標本培殖（Rosalyn Legaspi 女士）；亦感謝周永祥先生的協助，設計了一座簡單的顯微鏡攝錄機，使我能在室內更易觀察和記錄小蟲蟲的趣味生活習性；還有太太的包容和支持，讓我在家裏收容和培養各式各樣的小生物作研究和拍攝用途，她也是我每篇文章草稿的第一位讀者；大兒子沛鏜一家是書本背後的主角之一，他亦負責一些電腦技術輔助和圖片改善；特此向他們致謝。

最後，很高興能以《尋蟲記 3——各出奇謀》這本新書，再次與各位分享我的尋蟲樂趣，希望一如上兩冊《尋蟲記》一樣，能得到您們的認同，並能達到親子、教育、益智和消閒的目的。我亦想透過這本新書，反映「昆蟲易知足，不畏勞苦，只求延續活下去」的簡單哲理，希望這些哲理能幫助城市人更容易感悟生命的意義，減低都市生活中的「唯利」傾向，採納一個更關心和包容他人的胸襟，構建更和諧與健康的社會。

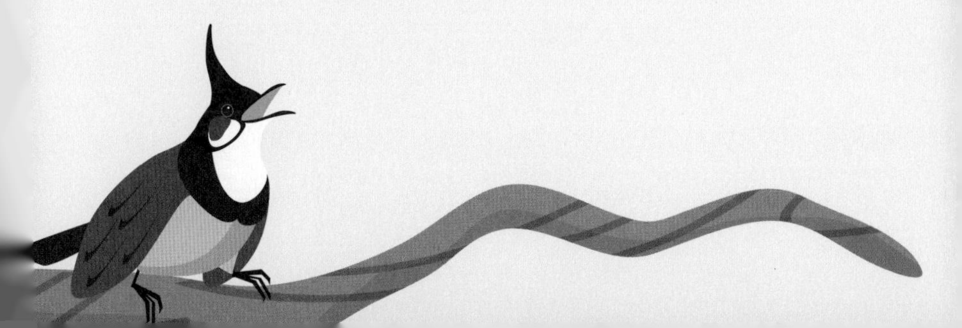

相片提供鳴謝

姓名	圖片名稱	編號 / 圖片	頁數
江仲民先生	沫蟬的泡沫	2.7 圖七	81
	黃猄蟻工蟻	2.9 圖一	90
	黃猄蟻有翅雌蟻	2.9 圖二	90
	黃猄蟻合力搬移履綿蚧	2.9 圖三	90
	黃猄蟻合力搬移尺蛾幼蟲	2.9 圖四	90
	黃猄蟻築葉巢	2.9 圖五	91
	黃猄蟻築葉巢	2.9 圖六	91
	黃猄蟻築葉巢	2.9 圖七	92
	黃猄蟻築葉巢	2.9 圖八	92
	壁泥蜂採泥	2.13 圖一	111
	大華麗蜾蠃採泥	2.13 圖二	111
	日本藍泥蜂野外築巢	2.13 圖七	113
	大華麗蜾蠃的泥壺巢	2.13 圖十六	115
	疹點掩耳螽	2.16 圖二	130
	斜紋帶蛾	2.16 圖四	130
	枯葉蛾	2.16 圖五	130
	尖裙夜蛾	2.18 圖二	141
	黃紋大胡蜂	2.19 圖四	150
	虎紋長翅尺蛾	2.19 圖十	151
	白點星花金龜	2.19 圖十一	152
	金斑虎甲	2.19 圖十二	152
	矍眼蝶	2.20 圖一	153

	眉眼蝶	2.20 圖三	154
	前霧矍眼蝶	2.20 圖四	154
	小眉眼蝶	2.20 圖五	154
	蛇眼蛺蝶	2.20 圖六	154
	蛇眼蛺蝶	2.20 圖七	154
	古樓娜灰蝶	2.20 圖十	155
	亮灰蝶	2.20 圖十一	155
	銀線灰蝶	2.20 圖十二	155
	小灰蝶	2.20 圖十三	156
	小灰蝶	2.20 圖十四	156
	蔥蘭夜蛾幼蟲	2.20 圖十五	157
	青黃枯葉蛾幼蟲	2.21 圖十四	162
	大斑丫枯葉蛾幼蟲	2.21 圖十六	163
	三色刺蛾幼蟲	2.21 圖二十一	165
	長毛象甲	2.22 圖一	166
	長毛象甲	2.22 圖二	166
	窄斑鳳尾蛺蝶	4.2 圖一	191
	窄斑鳳尾蛺蝶	4.2 圖二	192
	裳蛾科塔夜蛾的一個品種	4.4 圖五	197
張國樑先生	夾竹桃蚜	1.5 圖一	23
	草蛉幼蟲	2.1 圖十一	53
	雙齒多刺蟻	2.3 圖二	56
	無瘠沫蟬若蟲	2.7 圖一	79

	無瘠沫蟬若蟲	2.7 圖二	79
	無瘠沫蟬若蟲	2.7 圖四	80
	無瘠沫蟬成蟲	2.7 圖五	80
	無瘠沫蟬成蟲	2.7 圖六	80
	柑桔潛葉甲幼蟲蛀道	2.11 圖十二	103
	若螳從螵蛸孵出情況	2.14 圖十	120
	竹節蟲	2.16 圖十三	132
	眼斑芫菁	2.19 圖七	151
	鬼臉天蛾	4.3 圖四	195
漁農自然護理署	黃斑蕉弄蝶	2.8 圖十四	87
	鶴頂粉蝶幼蟲	2.17 圖十三	139
	窗螢	2.22 圖七	167
	窗螢	2.22 圖八	167
劉紹基先生	樟樹擬木蠹蛾成蟲	2.12 圖四	106
	咖啡豹蠹蛾幼蟲	2.12 圖五	106
李賢祉博士	木蠹蛾幼蟲在樟樹建巢	2.12 圖一	105
	木蠹蛾幼蟲在樟樹的出入孔洞	2.12 圖二	106
	木蠹蛾幼蟲在樟樹內的孔道	2.12 圖三	106
倫何紫貞女士	水立方運動場館	2.7 圖三	79
鄭嘉成先生	艷落葉夜蛾	2.18 圖七	143
李敏儀女士	大斑丫枯葉蛾幼蟲	1.1 圖七	5
	大斑丫枯葉蛾幼蟲	1.1 圖八	5
	大斑丫枯葉蛾幼蟲	1.1 圖九	5

	無憂花麗毒蛾幼蟲	2.21 圖八	160
	無憂花麗毒蛾幼蟲	2.21 圖九	160
梁志彬先生	龍吐珠	1.7 圖十一	38
蘇國智先生	幾何平面四方形	2.18 圖一	141
	立體三角形圖案	2.18 圖二	141
顏玲小姐	麗蚜小蜂在煙粉蝨若蟲體內寄生	2.4 圖十五	65
黎國泰先生	大斑丫枯葉蛾	1.1 圖一	2
	大斑丫枯葉蛾	1.1 圖二	2
	臭椿瘤蛾	2.18 圖三	142
	臭椿瘤蛾	2.18 圖四	142
	鑲落葉夜蛾	2.18 圖十三	146
賴志遠先生	子彈型的蟲癭	2.10 圖九	96
	變側異腹胡蜂蜂巢	2.12 圖六	107
	青黃枯葉蛾雌蛾	2.21 圖十五	163
念衞幼稚園．幼兒園	介紹昆蟲活標本	序 圖三	vi
	示範與螳螂若蟲接觸	序 圖四	vi
	孩子與若螳接觸的樂趣	序 圖五	vi
	爭先借尋蟲記書本回家	序 圖六	vii